自 然 文 库
Nature
Series

ICE RIVERS

聆听冰川

冒险、荒野和生命的故事

〔英〕杰玛·沃德姆 著

姚雪霏等 译

商务印书馆
创于1897
The Commercial Press

芬斯特瓦尔德冰川，
斯瓦尔巴

- 34 km^2

- 山谷冰川 / 冷温复合冰川

莱弗里特冰川，格陵兰

- 600 km^2

- 陆地终止的溢出冰川 / 冷温复合冰川

夏拉普和帕斯托鲁里冰川，
布兰卡山脉，秘鲁

- 7 km^2 / <5 km^2

- 山谷冰川 / 温冰川

斯蒂芬冰川，
巴塔哥尼亚，智利

- 420 km^2

- 湖泊终止的山谷冰川 / 温冰川

上阿罗拉冰川，瑞士阿尔卑斯
- <3.5 km²
- 山谷冰川 / 温冰川

希格里冰川，
喜马拉雅

m²

冰川 / 温冰川

乔伊斯冰川，南极
- 40 km²
- 山谷冰川 / 温冰川

Ice Rivers

目 录

聆听冰川：冒险、荒野和生命的故事

前言

冰的开始

> 冰川，名词。一种缓慢移动的冰块河流，由高山上或两极附近积雪形成
>
> ——《牛津英语词典》

想象一下，有一天早上你醒来，走进厨房泡一杯茶，发现昨晚你没有关好冷冻室的门，冰从冰箱的门缝里冒了出来。第二天，冰长大了，推开了冷冻室的门，开始穿过地板，越过柜台，毫不费力地将烤面包机、水壶和脏盘子冻到自己层层叠叠的冰层中。一天后，它把整个厨房都塞满了，开始像一条巨大的、湿漉漉的、冻僵的舌头爬上楼。一周后，它已经填满了整个房子，它冰冷的手指像天线一样，穿过破碎的窗框指向天空，然后继续无情地沿着街道前进，接着很快埋葬了你的城市、你的国家、你的大陆。现在想象一下，在这片巨大冰体的边缘，产生了微量的融水，它们汇集在一起，为尼罗河大小的湍急河流提供水源，最终将河水排放到地球

的海洋中，生命赖以繁荣，洋流得以流动，我们的气候是否变暖或变冷，都因它而起。这不是神话——这就是冰川的规模，几乎超出了人类的想象。

我对冰川的兴趣，源自十几岁时，我游荡在苏格兰的凯恩戈姆（Cairngorms）山间的时候。我对冰川雕刻出的灰白色秃顶山丘很感兴趣。这是近 2 万年前，地球上最后一个冰期留下的遗迹。山谷异常宽阔——冰川曾经冲刷山谷，在山谷边缘形成崎岖不平的地形，冰川被毫不客气地倾倒在那里，进而被侵蚀消退，然后将柔软的沉积物塑造成许多巨大的蛋形物，称为"丘陵冰碛（hummocky moraine）"。一想到从前有数百米厚的冰块，仿佛移动的蛇，在这些山谷中前进，我就震惊了。

然而，我对凯恩戈姆的迷恋并非巧合。在我生命最初的 15 年间，它饱经风霜的斜坡乃是我自由的源泉。在那里，没有条条框框，我能感觉到比我自己大得多的什么东西的脉动。我会雄心勃勃地爬山，去我最喜欢的山峰，格伦希河谷（Spittal of Glen Shee）的本古拉宾峰（Ben Gulabin）。路途艰难，无论我怎么使劲吸入更多的空气，都不够为我灌了铅似的腿加油。从山脚下就隐约可见险峻的铁灰色峭壁，其上石南丛生的锈色调让景色变得有些柔和——这幅景象让我从童年的成长环境中偶尔逃离出来，毕竟我的童年断断续续、有时令人困惑。

我想，这种困惑大概源自我 8 岁那年的圣诞节，一场车祸带走了我的父亲。在那个年代，孩子们不允许参加葬礼，事后我们也很少谈论这件事，多年来我只感到麻木、一种奇怪的脱节

　　　　　　　　　　聆听冰川：冒险、荒野和生命的故事

感。前一刻我有父亲，下一刻他就消失得无影无踪。我在脑海中创造了自己的世界，先是沉浸在小说中，沉浸在对人物和地点的幻想世界中，然后进入凯恩戈姆，在那里找到了宁静和平静——只有"我"和"山"。贫瘠的风景让我与"更大的存在"建立了联系，就像我在日益动荡的家庭生活中努力寻找自己的立锥之地一样。

然而，正是在这种背景下，我找到了后来成为探险家和冰川学家之旅的起点。11岁时，我开始安排家人度假，写信给酒店和度假别墅，询问预订事宜。"亲爱的伍德曼先生："他们回信说，总是拼错我的名字，完全没有注意到我只是一个还在上小学的小女孩。我们的第一次盛大远足是去湖区——我当时刚学会了驾驶帆船，想试试我的技术——我的兄弟也是，他刚做完阑尾炎急症手术。我说服妈妈租了一艘帆船，兴高采烈地冒险驶进德文特水域（Derwent Water）的涟漪，直到我们搁浅在泥滩上，险些翻船。船最后还是翻了，我的兄弟痛苦地蜷着捂着肚子，而我的母亲，身着节日盛装，不得不在齐腰深的浑浊湖水中涉水。即使在这么年轻的时候，我所拥有的某种独立的本能已经开始探出头来，我开始萌生出一种去"那里"探索地球广阔荒野的愿望。

从那时起，山脉让我感到踏实，帮助我呼吸——也吸引我，就像一本我不想结束的书中的故事。首先是在凯恩戈姆，然后是中学地理课——在那里我了解到巨大的冰河曾沿着让我惊叹的苏格兰峡谷前进，最后是大学。我花了很多时间深入研究英国每个本科地理学位的课程，决心找出"冰含量"最高的那个。剑桥在我的名单上名列前茅。我考了进来显然是个奇迹。这让我来到了瑞士阿尔卑斯山。作为一名20岁的大学生，我第一次看到了真正的冰川——现实中的冰川超出了我的想象。白色、原始、未受污染的腹地，一块空白的画布，能够吸收任何在我身上跳动的负面情绪，并奇迹般地将其转化为纯粹的兴奋和快乐。

从那以后，我一直在追寻同样的冰块和令人眩晕的白色大片的气味。我对冰川的认识和理解越来越好，随着学习的深入，一如既往，我对冰川更加着迷，甚至可能是痴迷。2012年，经过近20年的耕耘，39岁的我成了一名教授（冰川学）。我常常觉得我的生活和我探访冰川的旅程就像两条蜿蜒曲折的小路，穿过一座山——走到一起，聊了一会儿天，分开了一段时间，然后又回来了。这些曲折的线索，带领我环游世界，并再次返回，我的目标是拼凑线索，帮助了解冰川的行为方式以及它们对我们人类的意义。这像一部宏大的侦探小说。

冰川的冰，迷人之处在于它不像杜松子酒和汤力水中的透明冰块。"冰川蓝"在商业色卡世界中几乎都是陈词滥调了——但它并不总是蓝色的。当然，它在冰川边缘巨大的压力下从深处冒出来时，它可以是蓝色或绿松石色。经过多年缓慢的挤压，气泡已经被挤出了冰体，冰也就变成了蓝色，因为冰不怎么吸收的一种颜色就是蓝色。如果你把光想象成漫天飞舞的彩虹，那么地球表面上的不同物体具有不同的吸收这些有色光线（或可以说"能量"）的能力——没有吸收的光线被反射回来，赋予物体颜色。所以，森林反射绿色，气泡很少的冰川冰反射蓝色，雪反射一切，所以是白色的（即无色）。然而，如果冰川冰含有大量空气，它也会呈现出明亮的白色，或者当冰里点缀着从岩石底层中"拾取"的沉积物时，则呈现出肮脏的棕色——它变得不那么"冰川"，而是更像别的什么。

在显微镜下更深入地观察冰层，你可能会惊讶地发现冰不是一种暗淡、空洞的物质，而是由数百个水分子组成的细长六角形晶体，像士兵一样并排站立，它们的边界是充满水的微小管道（"静脉"），管道中的水里溶有高浓度盐而不会冻结。对冰川冰施加压力，这些晶体会变形和错位，管道中的水充当润滑剂，让冰川流动。这个属性——流动——将冰川与冰块区分开来。冰在自身巨大的重量下形变，于是冰川就像河流一样慢慢从山上滑下。

这只是一个开始——无数的溪流剖开冰川表面，通过洞穴状的冰臼（moulin）*向下流入地下深处的河流，河流在冰川边缘的冰洞中爆炸式地涌现，猛烈的水流一路翻滚向下，直到遇见了海洋。乍一看，冰川似乎是那么静谧、被动、毫无生气；然而，经过几十年、几个世纪和几千年的测量，它们可谓是我们星球上最敏感和最活跃的部分，它们在冰河时期生长，并在如今碳窒息的大气的恶劣影响下缩小。在过去 200 万年里，它们周期性的增长和衰退，如此往复，以响应地球绕太阳运行的微妙变化，覆盖北美、欧洲和南极的冰盖储存或释放大量的融水，导致我们的海平面下降或上升超过 100 米——足以淹没自由女神像。

---

* 冰川冰体上或冰体内的融坑或圆筒状泄水通道。

2018 年底，我因一个橘子大小的良性脑肿瘤被送往医院看急诊。那时我刚获得了一份重要工作，担任研究所所长。我的生活充满了混乱的会议和事件，朋友们形容我的状态是"狂躁"的，而成功适应新职位的努力，让我感到完全地筋疲力尽——这与我平静的冰冷荒野和冰川全然不同。我没有时间去看医生，尽管我头疼得厉害、开始失明、双腿麻木，不能沿着走廊直线行走。这听起来可能有点疯狂，直到今天，我还不确定是什么阻止了我进一步去看医生。可能与恐惧有关（大多数情况都如此）——害怕我的工作失败，害怕我如果休假会让人们失望，甚至害怕在我奇怪的症状背后，潜伏着一些相当严重的东西。然后，砰——我突然进了急诊室，12 小时内，我在手术台上了，觉得很冷，头骨被切开，试图让我的大脑摆脱这一生命的威胁。在接下来的几个月里，随着我的康复，我努力试图理解发生在我身上的事情，并重新评估我真正关心的事情。这让我直接回到了我的老朋友那里，冰川。

你看，我们的冰川跟我在 2018 年 12 月所处的情况差不多。随着气候逐年变暖，它们正处于严重的健康危机之中，以前所未有的速度消融。化石燃料（石油、天然气、煤）需要数百万年的时间才能形成，因为一层又一层的死去的动植物慢慢堆积起来，储存在地底深处，但过去几十年，我们一直在将这种古老的碳返还到大气中。自从我们在"工业"时代（大约 200 年前）开始燃烧化石燃料以来，不断上升的二氧化碳等温室气体浓度已经使地球变暖了 1 摄氏度；[1] 更可怕的是，我们正朝着"到本世纪末，全球平均变暖 3 摄氏度以上"前进。[2]

聆听冰川：冒险、荒野和生命的故事

这种变暖的速度已经对冰川产生了强烈的影响。2019 年，格陵兰冰盖报告了创纪录的融化速度；喜马拉雅冰川变薄的速度比科学家们想象的要快得多；第一篇讣告是为冰岛的一座冰川写的。我亲眼目睹了这种加速融化的过程——我在欧洲阿尔卑斯山研究的冰川，自 25 年前第一次访问以来，已经后退了一公里多。我很容易相信气候变化，冰川退缩，摇摇欲坠，但对那些没有亲眼看过夏季冰川融水形成的涓涓细流和冰川退缩后形成的不稳定的浩瀚湖泊的人来说，就不那么容易了。这些湖泊仅由鹅卵石和冰川固定，如果冰川融水过度，湖泊很快就会泛滥。我们的新闻媒体每天都被冰川消退的报道轰炸，但我可以理解，对许多人来说，这些都是毫无意义的客观故事。哦，又是一个冰川，好难过。如果我们只通过枯燥的事实和数据来体验它，却缺乏与它的内在联系，我们还会采取行动来拯救一些东西吗？

我们谁都不知道我们在这个星球上还剩多久时间——我以为我还有几十年的时间，但 2018 年底的那一刻，我的生活似乎一瞬间就结束了。我们也不知道我们的冰川还有多少时间——但如果我们继续以目前的速度燃烧化石燃料，欧洲阿尔卑斯山的大部分冰川肯定会在本世纪末消失。所以，我的目的是向你介绍冰川，分享我在几十年研究中与它们建立的情感联系。你看，对我来说，冰川不仅仅是移动的冰体。每个冰川都有一个独特的性格，这源于它流动、融化的方式，以及它周围令人难以置信的荒野。当我和它们在一起时，我觉得我就像朋友一样。在这次环球旅行中，我回到它们身边，也预示着我回到了过去的自己。一种个人的重新野化——挖掉自我的边界，留下土地，让思想的种子在风中自由地飘进来，生根发芽，萌发出新的、充满活力的绿芽。冰川和人类的故事，它们的历史和我的历史，交织在一起。在许多方面，它是一个爱情故事。

第一部分

———————

冰的气息

第一章　窥见九泉

瑞士阿尔卑斯山脉

我 20 岁时第一次参与探险，在一个研究项目里做野外助理，当时是个有点青涩的地理系本科生。这个项目旨在揭开上阿罗拉冰川（Haut Glacier d'Arolla）的水流与管道系统的神秘细节。上阿罗拉冰川藏在瑞士阿尔卑斯山的高处，是一个小型山谷冰川，相对容易靠近。这之前，我花了不少时间研究地理学教材上的冰川理论知识，当然也曾阖家度假去过凯恩戈姆山，熟悉冰川们雕刻出的痕迹——但在此处，我才第一次见到了冰川。

我完全没有准备，就带了一个小背包，里面几乎全是夏天的衣服，还有我哥哥的旧军靴（大了好几码），一件塑胶雨衣。这件雨衣在苏格兰时还挺好用的，但产品吹嘘的透气性却堪比薯片袋子。我在海拔 2500 米的上阿罗拉冰川的岩石山谷中扎营。第一晚我睡在纸板上，缩在 11 岁去朋友家过夜时用的旧睡袋里，睡袋外层是聚酯纤维的，保暖性能约等于一个粗麻袋。那时我还从未听过高性能抓绒（Polartec）或是戈尔特斯（Gore-Tex）这些面料，甚至连充气发泡睡垫（Karrimat）的概念都没有。不远处冰川的低沉轰鸣声和斜坡上如霰弹枪一般的落石崩裂声一直吵扰着我，更别提让我呼吸困难的稀薄空气与钻心刺骨的寒冷了。我几乎就没睡着过。瞬间我就明白了为什么在中世纪，冰川会被认为是食尸鬼与恶灵的安息之地。

所以这就是一切的开始——我作为冰川学家的人生旅程。当然，我是沿着许多前人走过、有深深痕迹的路前行的。欧洲阿尔卑斯山脉一直是冰川学家们的首选之地，有各种形状和大小的冰川，大多可以步行到达——从瑞士阿莱奇冰川（Aletsch Glacier）细长、流线型的20公里长的冰舌，到远在下方广阔平原上的微小而粗短的冰川。你几乎注意不到后面这种冰川，它们高栖在凹陷的冰斗（cirque）里。阿尔卑斯山脉从西部的尼斯横跨到东部的维也纳，延绵1000公里，属于阿尔卑斯造山带的一部分。这个造山带属于一个更巨大的山脉系统，一直延伸到喜马拉雅山脉西段。山脉总是地质剧烈变化过的一个标志，阿尔卑斯山脉亦是如此，在大约1亿年前，非洲板块开始向北蠕变进入欧洲板块时，它形成了。

大约3000万年前，在那场最为激烈的碰撞中，两个板块挤压了古老的基底岩石和较为年轻的来自前地中海的海底沉积物，将它们整齐地折叠成一系列垂直堆叠的"推覆体（nappe）"，颇像船上的帆被拖上帆桁保存的样子，一层层折叠起来。阿尔卑斯山脉西部的岩石挤压得最厉害，造山带也更薄更高，有一些像勃朗峰这样的高山——海拔4800米，是西欧的最高峰。在过去的200万年间，阿尔卑斯山脉一直在因冰川侵蚀而改变形状。这是因为地球当时正处于较长的寒冷时期（冰期）与较短的温暖时期（间冰期）的交替状态。正是这种交替的现象，体现了地球绕太阳旋转时，在轨道上微小的变化所带来的自然气候振荡。

第一个提出现代冰期理论的人是让－皮埃尔·佩罗丹（Jean-Pierre Perraudin）。他是一位登山家兼猎人，出生于瑞士瓦莱地区（Valais）的卢尔帝埃（Lourtier），那里离上阿罗拉冰川不远。[1]他于1815年左右推测，那些莫名光滑的岩石表面应当是由冰川流过去的时候"打磨"成的。冰层底部任何凸出的岩块与石头，都会沿着冰的流动方向被刻划出深深的沟槽。他发现他家附近山谷内遍布的巨石是一种外来的岩石类型，那只可能是在上个冰期，山谷内全是冰的时候，被一座巨型冰川撇下来的。虽然佩罗丹对山有着深刻的了解，但他还是不得不挑战当时的主流观念，即《圣经》里的"大洪水是制造高山景观的主角"。在他看来，洪水把这些大石头移了位置是很难想象的，因为这些巨石显然会和石块一样沉在水底。他给博物学家让·德·夏庞蒂埃（Jean de Charpentier）讲述了自己的发现，但夏庞蒂埃选择了无视，认为这些想法是"不切实际"且"不值得考虑的"。[2]

又过了14年，佩罗丹关于冰川的理论才得到全面发展。首先是伊格纳兹·韦内茨（Ignaz Venetz），他也是瑞士瓦莱州的本地人，还是巴格纳德谷（Val de Bagnes）的公路与桥梁工程师。当时当地的冰川前进，截断了一条小溪，冰川边缘的一个大湖因此涨水，他试图挖掘水渠，将冰川融水排出去。这种冰川前进在那时很常见，是欧洲中世纪寒流最后挣扎的表现，这个时期俗称"小冰河时期"。然而，韦内茨的尝试失败了，湖水泛滥成灾淹没了山谷，摧毁了许多生命与房屋。

　　韦内茨跟佩罗丹聊了几次，讨论冰川内部的运动原理。到了1829年，他终于被说服了，在瑞士自然科学学会的年会上提出了这个观点，即当时的冰川都是某个曾经覆盖过阿尔卑斯山的更大冰块的残留物。这次，让·德·夏庞蒂埃支持了韦内茨的观点，现在他也倾向于大规模冰川作用的这个理论了。接下来是路易·阿加西（Louis Agassiz），瑞士生物学家与地质学家，在弗里堡（Fribourg）附近长大，最终成为纳沙泰尔大学（University of Neuchâtel）的博物学教授。1840年，他凭借机缘与决心，在他著名的《冰川研究》（*Études sur les Glaciers*）一书中，将早期的冰川理论推到了世人面前。阿加西经常被誉为冰川学的祖师爷，但事实上，从佩罗丹开始，有好几个人都对传统智慧的高墙施加了压力，直到这面墙变得脆弱、最终倒塌。

　　在山里新的地方第一次醒来，总能最大限度地激发感官。在那座高山上的第一个清晨，我把自己从简陋的帆布下拖出来，迎接我的是一幅全景图。这是我一生中最难忘的景色之一。直面山谷，一块壮观的冰块在山坳（两座山峰之间的鞍部）间"翻滚"而过，从大约500米高，从几乎完全垂直的岩壁上翻落下来——这不是瀑布，而是冰瀑（icefall），冰川在这里走到了山谷的尽头，必须冒险越过下面的悬崖。

　　这里提到的冰川，即为上阿罗拉冰川。它从陡峭的岩面上迅速流下，一直延伸，直到微小的冰晶不足以快速形变，整体都流不动了为止。冰体裂出数百万道口子，形成无数冰隙和尖锐冰塔组成的混乱区域——冰塔林（seracs）。冰瀑是登山者的死亡陷阱。其中，最臭名昭著的冰瀑，大概在坤布冰川（Khumbu Glacier）的上游。坤布冰川是地球上最高的冰川，每天大约移动一米，它位于喜马拉雅山脉，是从大本营到珠穆朗玛峰峰顶攀登过程中最险峻的部分之一。登山者可能需要一整天的时间，才能从冰川的曲折路径中找到一条道路通过。在过去的50年里，它已经造成了几十人的死亡——仅仅是因为冰在流动，它流动得越快，就越难保持完整，就会产生成片的冰隙与冰瀑。

冰川有一个让人难以置信的特点：人们发现它们能以三种可能的方式流动。其中最慢的，是通过冰川冰晶的形变来流动。冰的特征更像是一种液体而不是固体，用专业的话来说，冰是一种"黏性流体"或者"非牛顿流体"，这意味着它的黏度（或黏性）取决于它的温度与所承受的压力；压力越大温度越高，冰的黏性就越大，它的晶体受挤压或者形变的程度就越大。随着时间推移，雪不断累积，压力导致雪会融化一点，随后又冻结成冰，之后晶体在压力下开始变形，冰川也因此越来越厚。像上阿罗拉冰川这样的典型高山冰川，以这种方式运动，可能每年只会移动几米。

所有的冰川都会通过不易察觉的冰晶形变来流动。但它们也还有更快的移动方式。冰川流动的第二种方式，是在湿滑的岩石表面上滑动。想象一下，从冰箱里拿出一个冰块，将它放在一个平盘上，然后倾斜盘子——冰块就会滑落，对吧？那现在再想象一下，同样的冰块放在同样倾斜的表面上，但扔在冰箱里不拿出来——那么它哪儿都去不了，因为冰块会被冻在盘子上，没有液态水来润滑它的流动。北极地区的空气非常冷，所以那里的小冰川的行为模式与冻在盘子上的冰块一样——它们不会滑落和滑动。它们只能通过冰晶的形变来移动。但是在温暖的气候下，冰川底部有一层薄薄的水，如阿尔卑斯山脉，它们可以在冰床上滑动——这些冰川被称为"温冰川（temperate glacier）"。

即使在像南极洲这样极度寒冷的地方，奇怪的是，很厚的冰川的冰床上仍然会有液态水。想象把我们的冰块尺寸变大，变得巨大，像几百米高的摩天大楼那么大，但仍然把它放在一个冰柜里（是一个非常大的冰柜！），如果你倾斜它所在的表面，它会移动吗？事实上，可能会。还记得那个古老的物理实验吗？把一根切奶酪用的线横在一块冰上，然后把线往冰里使劲勒。压力会降低冰的熔点，线就会向下切开冰块。因此，我们的巨大冰块——有点像南极冰盖——很可能会在底部融化，因为上面覆盖着许多冰块而产生了巨大的压力。然后，如果你通过某种超人力量来设法使它所处的表面倾斜，那么它就会开始滑动——在神奇的冰川学世界里，这被称为基底滑动。

如果冰川位于湿泥（或者冰川学家可能会称呼它为"沉积物"）之上，它还有第三种巧妙的流动方式。想象刚下完一场大雨，我们现在从花园弄来了一盘非常湿的泥土，然后滑到我们大冰柜里的巨大冰块下面。接下来会发生什么？好吧，冰块全部压在湿润的土壤上，压力让土壤的微小孔隙中的水受压，就会降低土壤颗粒之间的摩擦力，使土壤变得脆弱，容易变形。所以这时如果你倾斜托盘，土壤就会像泥石流一样向下移动。冰块就会骑在这个移动的、湿润变形了的泥土平台之上。这种冰流的机制被称为沉积物形变。

总之，冰晶形变，基底滑动，沉积物形变，这就是冰川流动的三种方式。如果用人类的动作来比喻，有些冰川是爬行的（仅有冰晶形变），有些冰川是步行的（冰晶形变和基底滑动），还有一些冰川在冰晶形变和基底滑动的同时，或许还能骑上变形的沉积物一起往前冲。欧洲阿尔卑斯山的小冰川们可以算作是步行冰川。上阿罗拉冰川的中心平均每年最多移动十米左右。这里按照冰川中心区域来计算移动速度，是因为那里的冰块不会因触到岩壁而减慢速度。[3] 不过，冰川在夏季有些时候的移动速度可能会加快一倍以上。融化的水会冲到冰床上，水压会把冰向上推，使它离开冰床，因此提高了移动速度。[4] 所有冰床上有水的冰川有一个共同点，就是控制冰川大部分流动的动力学过程，大多都发生在这个被称为"冰下区（subglacial zone）"的幽寂荒凉的深渊里。

我参加这次探险的宏伟目标就是要给上阿罗拉冰川"探探底"。这座紧凑型的山谷冰川正是剑桥大学牵头的"阿罗拉计划"的重点对象。之所以说它"紧凑"，是因为它正好处于山谷内，完全没有溢出。项目的牵头人是在冰川研究领域我一直视为偶像的马丁·夏普（Martin Sharp）教授。他的疯狂计划是进到冰川底部，看看下面到底有什么。按照上阿罗拉冰川的情况，我得穿过一百米厚并且还在移动的冰层。

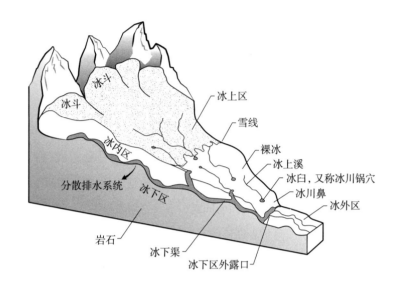

对我来说，冰川最为迷人的一点，就在于里面发生的各种各样我们看不见也摸不着的事情。你只能想象到哪里是冰、从哪里开始又变成了岩石，然后思考，当冰川移动，捡起和打磨巨岩、石块和沙砾的时候，到底有什么样的生命可以在如此严苛的环境下存活。只有当冰层褪去之后，证据才会露出来——由冰蚀刻、磨平的岩石表面，刻下的融水通道，塑造出的沉积物——这些都是古代幽暗凶暴的地下世界所遗留的痕迹。

在你踏上冰川之前，很早就可以感受到它了——冰川会让空气都变得凛冽起来。不过，首先你得在"冰外区（proglacial zone）"里单调地跋涉好一段，才能到达冰川的边界［通常会叫作"冰川鼻（snout）"或是"冰川末端（terminus）"］。这个区乱成一团，大堆的巨石、碎石、沙子和淤泥，被冰川前进后退的循环吐出来，就像是一个人匆匆忙忙搬家后屋里会留下一堆破烂一样。在这片像月球表面一样荒凉崎岖的地方，只有如缎带般的乳白色溪流和冰碛间宝石一样的碧绿色小湖，才给人以生命存在的迹象。除了脚下，你不太能关注别的什么，因为你得努力避开坑洞和其他烂地形，比如河道附近常见的泥地，能让人陷进去——这些冰川侵蚀下来的细小沉积物，长得就像是会把你的脚吃进去的潮湿死亡陷阱一样。如果你用棍子戳一戳表面，它就会像肥肚皮一样弹动。我们把它叫作"猪肚泥"，这个词可不会出现在任何教科书的词汇表里。

与此同时，寒风会逐渐刺入你的肺。要是有什么东西能让你同时感到振奋和充满不祥的预感，那就是这个了。这就是第一缕冰的诱人气息，一种仿佛被它柔软纤细的手指抚过的感觉，它既是欢迎也是警告。这种"向下"的风（这个词的语源是希腊语的katabasis，意思就是"下降"）通常会在一天之中逐渐变强。这是因为冰川上的空气被冰降了温，变得更重，因此会沿着冰川向下吹到其末端。山地的住民们会把这种风看作是冰川的精灵。[5] 对我来说，它是"该做准备了"的信号。多披上一件衣服，准备沿着陡峭的冰川边向上费力攀登。

坦白地讲，我第一次看到上阿罗拉冰川的时候感觉有点失望。事实上，我甚至都不确定它是不是一座冰川，因为它和周围的石头几乎分辨不出来。冰川鼻是个看起来蛮脏的东西，但这个名字却很贴切，就跟猪鼻子一样，整天埋在泥里。冰川移动的时候，它就从岩石的冰床上抓走沉积物和石头，从周围的山谷壁上捕获落下来的岩石，把所有这些乱七八糟的东西带走，在最后融化的时候都释放出来。因为海拔越低温度越高，所以冰川鼻融化得最快，因此这部分释放出这些灰色岩屑的速度也就最快。所以这些碎屑在冰川的边界和前端会杂乱地堆积起来，形成被称为冰碛（moraine）的小岭。冰川鼻看起来可能像死了一样，既没有声音又不会移动。但其实冰一直在流动，只是很慢而已。只有当冰川整体一年的降雪量比融雪量多的时候，冰川才会向前进。

于是我试探着踏上了我人生中的第一座冰川。冰川前的地形险恶，通常全是洞和裂缝，那是因为前端冰层薄，下面输送冰川融水的管道系统顶层坍塌，就会形成这些洞和裂缝。就冰川鼻而言，其实上阿罗拉冰川的鼻子并不算是特别高陡——高融化率和相对缓慢的冰流让它保持了平缓倾斜的轮廓。但我的日常锻炼顶多也就是在剑桥郡附近的平地缓慢骑行，这坡度还是让我挺震惊的。我开始慢慢攀升，跟随着更有经验的同伴稳步爬上东部中间的冰碛（我们管它叫"休息碛"），到这儿才能保证我安全通过裸露的冰面。这种半山的冰碛在高山冰川上很常见，是冰川谷口顶部和侧壁上的岩石掉落到冰面上形成的。落下的岩石被冰川上游连续的冬季降雪掩埋，碎岩随冰一起被运到冰川下端，冰融化，碎岩随之重新露出来，堆积成高高的山脊，同时保护下面的冰不融化。当你试图攀登冰川时，建议你最好能找到一个冰碛区。

最后，冰川鼻的斜坡变缓了，我的呼吸变慢了，我两条水母般不稳的双腿又重新恢复了平衡。我小心翼翼地走下冰碛，上到冰面。踏上冰面的第一步，对我来说是非常重要的一刻，象征着我与冰川融为一体。无论我踏上过多少冰川,那一刻的感受永远是鲜活的。听着冰面被脚步嘎吱嘎吱踩碎的声音,知道脚下就是几百米厚会移动的冰,那种催眠般的感觉——神秘和危险的感觉——永远不会让你无聊。

在冰川表面,蜿蜒的冰冻河道内流淌的小溪在太阳光下反射出绿松石一样冷冽的光。这景象看起来可能相当友善——直到河道突然流到了头,水流冲进垂直向下的深坑和冰臼之中,直接通往冰床。向冰臼深处看下去总是让我有种晕眩的感觉——我当然有努力不去想,但几乎不可能不去想那些“万一”。万一我脚一滑,头冲下脚朝上地摔进了这个垂直的洞里呢?万一,万一,万一……停!关于冰臼最重要的一点在于,大量的水由此进入了漆黑的深渊,因此它们就是冰川表面和冰床之间唯一的遥相关途径。

大约一个小时嘎吱嘎吱的跋涉之后,地平线上露出了一幅有趣的景色——一堆人影,在一架嗡嗡响的机器旁边走来走去。靠近一点看,那座机器野性而扭曲,有着脐带一样的黑水管、巨大的水箱和各种各样的工具。其中一个人影拿着一杆长枪一样的竖直杆子,一端爆喷出一股带蒸汽的水柱。这就是著名的钻井平台——剑桥大学一群机智的科学家用特别长的软管解决了如何探到上阿罗拉冰川冻结底部的问题。一个金属制的钻头喷嘴垂直向冰层扎下,喷出高压的热水,像洗车喷枪一样灵活。慢慢地,几个小时之后,它就在几百米厚的冰川上钻出了一个茶盘大小的洞,通向冰川幽深泥泞的小肚子。

20 世纪 90 年代初之前，鲜有人尝试研究冰床。阿罗拉计划是一个先驱，目标是在冰川表面一个长方形（几百米乘五十米的大小）的区域内钻出一系列从表面延伸到冰床的小洞，然后沿着洞降下气压和温度传感器，测量冰面下的水是如何流动的。一个典型的钻洞，走在冰面上的人几乎是看不到的，只能顺着洞里冒出来的各式各样的仪器缆线找到它。我会从洞口向下望去，沉浸在冷冽透明的蓝白色冰壁的漩涡之中，看着它越向下越暗，直到消失在漆黑的虚无里。每年钻到上阿罗拉冰川冰床的 30 多个钻孔可以告诉我们很多有关冰川的信息。随着时间流逝，因为钻孔顶部的冰比下层的冰流动得更快，所以钻孔附近冰的滑移和形变会让钻孔从竖直变成香蕉一样的形状。这是各种冰川流动方式叠加而成的结果，从冰床到顶部一路累加就会变得越来越明显。

最吸引我的，始终还是钻孔讲述的那些关于水的故事。当你从上面往下看的时候，大多数钻孔看起来都出奇地干燥，但是钻的时候里面可能会充满了水。当钻头喷嘴钻到冰床的那一刻，水通常就会神秘地消失，有时候消失得比较慢，有时候就像拔了下水道的塞子一样很快消失了。水的消失表明钻孔通向了冰床的某种有效的排水系统，例如侧壁是冰质而底部是岩石的河道［冰川学家可能会把它叫作"冰下渠（subglacial conduit）"］。

水消失得越快、钻孔钻开后里面水位越低，越说明钻头可能钻通了一条水道，能将水快速导向冰川的下游。这些水道可以吸纳越来越多的融水，并且只要融掉冰壁就可以继续变大，也就是说它们可以在低压下保持融水流动，因此钻孔的水位也会比较低。不过，偶尔事情发生得太快，水道也可能来不及把水导走。白天和晚上，表面融水和流向冰床的水量会大幅改变，穿透这些水道的钻孔中的水位可以相差一百米（几乎和冰层一样厚了）[6]。在冰床上这些超高效的水道旁，是小型连通水道构成的像沼泽一样的区域，只允许融水缓慢地流过，最终进入一条流速更快的水道。这些通道系统可以应付长期缓慢滴落的融水，但容易压力过大，要是被融水淹没，它们就会融化掉。这时候，高效快速流动的溪流或河道就会取代它们。

钻孔方法有一个缺陷，它只能提供某一点的信息，而不能提供整个冰川的信息。以上阿罗拉冰川为例，它的冰床覆盖好几平方公里。不过，还有其他技术能提供一个"拉远"的镜头画面来展示冰面下发生的事情。染料示踪就是其中之一。早前我在阿罗拉冰川时偶遇了皮特·尼诺（Pete Nienow），他是剑桥大学的博士生，身材高大，身形瘦削，以能在不到40分钟的时间里穿着渔夫鞋颠簸跑完从阿罗拉村（Arolla）到我们营地之间那条陡峭的山路闻名，而且连汗都不怎么出。皮特的工作是用一种名为罗丹明的无害亮粉色示踪染料，绘制冰川管道系统的"全景图"。

皮特的背包里装着一小袋粉状染料，他每天都在冰川上飞奔，看到冰臼就停下来，然后迅速将这些粉红色的东西撒到涌入冰臼的水中，在再次飞奔回冰川前，他会在冰川鼻处急切地等待染料到达冰床下的主水道并喷涌而出——此时染料已稀释到不再呈现粉红色，但仍可以被荧光计检测到。仪器将一小束光照射到水中，粉红色染料颗粒吸收光然后又重新发光，仪器测量这个光量，就可以计算出河流中有多少染料。染料在冰川鼻的河流中出现和消失的速度越快，它到达那里的水流路径也就越快、越高效。几年以来，皮特每个夏天都在做这个活儿，确定了点缀于冰川上的大约30个冰臼。

这些染料示踪实验显示，在夏季里，随着雪线向冰川上游撤退，冰川融化速度飙升，那些在冰床上的缓慢而闲散的融水很快就被高效通道里的激流所取代[7]——实际上，冰床的乡村小路网络整个崩溃了，换成了巨型高速公路。皮特对整个冰川的研究结果是对"单点"钻孔实验的补充。这些钻孔通过水位告诉我们，冰川管道系统中快速与缓慢的部分每天是如何相互作用的。白天，冰川表面的冰融化，为冰床上的超高效水道供水，而后水道溢满，迫使水进入水道边缘和远处低效的排水网络里；到了晚上，水流回流，将水又返回到水道中。[8]

这个管道系统颇为巧妙，但绝非完美。春季，当新鲜融雪的第一次脉动通过冰臼和冰隙涌入冰床时，内部管道系统会无法容纳这些突然涌入的水，水压的力量简直能将冰川从基床上顶起来。想象一下（如果我们能用肉眼看得到的话）整个冰川表面上升的奇怪景象：冰川从融水这个枕头上缓慢抬升，上升时突然松开了与岩床的接触，原先拦着它不走下坡路的摩擦力消失了，于是冰川向前奔涌而去。[9]类似的"春季事件"发生在世界各地的冰川上，但很快就因冰床上新形成的融水通道而中止，通道将积聚的融水带走，让冰川重新落在它的岩石基座上，其向下流动的速度也因此放缓下来。

晚上，在上阿罗拉冰川工作了一天之后，我在冰层上缓慢跋涉穿过冰川底端，总感觉与这荒凉贫瘠的山景有某种深层的联系，疲倦使我的感官变得柔软。我下山时，向东望去，日落余晖中，山景变成了柔和的粉红色，锯齿状的布克坦山（Dents de Bouquetins）矗立着——它是一座典型的"刃嶙（arête）"，即刀刃状的山脊。布克坦山高出下方冰川一千米，山体锐利的特征源自历史上最后一个"冰期"的高峰期，在大约 20000 年前，当时山谷的大部分被冰川占据，发生过强烈的侵蚀作用。

布克坦山的名字"bouquetin"，来源于神秘的羱羊（*Capra ibex*，又名阿尔卑斯北山羊）。长得像鹿，但亲缘关系更接近山羊。羱羊是阿尔卑斯山脉大部分地区的本土物种，常穿行于令人眩晕的高山上，通常活动于雪线附近。它们分趾的蹄子可以紧紧抓住地上的石头。偶尔在黄昏时，我可以瞥见一只羱羊从容自若立在危崖上的带角身影，非常典型。这种优雅的高地山羊是"两性异形"的——雄性和雌性长得不一样。雄性羱羊可以长出壮观的大角，向后弯曲，两角在羱羊的一生中都在不断生长，[10] 有时能长达一米。雄性羱羊的羊角尺寸决定了它的社会地位。雌性羱羊体形较小，角也没那么夸张。羱羊两性大多数时候分居，只有在深秋的交配季才住到一起。以长角山羊为象征的摩羯座恰好就处于羱羊交配季的 12 月，也就是冬至前后。有没有可能，古代人是特意把庆祝繁育和重生的仲冬节庆和这种脚步稳健的山地动物的交配季联系在了一起呢？[11]

这种难以追踪的动物一直吸引着高山上的居民；中世纪人们相信它们身体的某些部位可以强化魔法，有药用价值。它们的肉也很受欢迎。事实上，5000 年前的冰人"奥茨"（Ötzi）——1991 年在奥地利的厄茨塔尔山（Ötztaler Alpen）发现的冰封木乃伊——的胃里就有烹饪过的羱羊的肉残留物。[12] 这种羊在法国史前时代的洞穴壁画里也出现过，如阿尔代什省（Ardéche）肖维-蓬达尔克洞穴（Chauvet-Pont d'Arc cave）三万年前的壁画。但是，在 15 世纪火枪发明之后，羱羊的故事就比较可悲了——它们被捕猎到近乎灭绝。羱羊今天还能兴旺繁荣，都是因为物种保护和再引入的保育措施的结果。

羱羊容易与体形更小的表亲臆羚混淆。臆羚的角更小，尖端弯曲，脸上有一部分是白的。臆羚出没于海拔较低的山坡——我从阿罗拉村去营地的无数次跋涉中，经常能看到它们。看到它们之前，总是能先听到声音。先是会出现石头掉落的喀啦声，然后我就会抬头看。要是运气好的话，我就能瞥到这种勇敢而灵巧的生物，像运动员般跳过一处几乎垂直的峭壁，就好像无视了重力一样。

在阿罗拉度过的第一个夏天是我生命中相当刺激的一段时光。我记得在几乎垂直的岩壁上练习使用冰镐制动；学习如何拴绳子跨越冰隙；更重要的是，自学在高山上享用辣喉咙的白兰地的同时还要保持对双腿的控制。这些都是印象深刻的体验。营地中众人的欢笑是会传染的。我在那之前从没笑得那么多过——简言之，我沉迷了。

虽然如此，生活还是很艰辛的。每天我都遵循同样的流程。

起床，喝杯咖啡祛寒，咽一碗含有沙子的什锦麦片（冰川产生的沙子可以冲破任何阻碍，哪里都有），跋涉过冰碛，再爬到冰川上去。晴天的阳光通常会积累下足够多的热量，让闪电风暴响彻整晚——雷鸣电闪会在洞穴般的峡谷里回荡，在陡峭的岩壁间回响，持续轰鸣着，就好像停不下来的循环播放一样。这些传奇般的风暴就像黑白底片一样蚀刻在我记忆之中；冰瀑有那么一毫秒被闪光照亮，就好像一只凶神恶煞般的野兽在黑暗中无声游荡。第二天，我醒来的时候就好像什么都没发生过一样——只剩下一场噩梦和黑白色的记忆残片。

我们的小营地由一小批被太阳晒得发白的简陋帆布帐篷组成，位于山腰的一个凹陷处，在那里可以俯瞰上阿罗拉冰川的冰瀑。营地完全被荒芜的岩石斜坡围住，其间点缀着一丛丛被邋遢的羊群啃食过的粗草。羊群从来不事先打招呼就在营地随意进出。半夜，你常常会被它们在你帐篷下寻找残羹冷炙的窸窸窣窣和鼻息声惊醒。营地正好就在冰川水道上方，总能听到白噪声一样水流咆哮的声音。水流在一大早最少，因为冰川融化的速度在寒冷的夜晚比较低。到傍晚最多——但无论是白天还是晚上，它都会不断地自下游喷涌精细的乳白色沉积物悬浮液，冰川融水进入罗纳河（Rhône），然后是日内瓦湖（Lake Geneva），再往下，最后在法国南部的阿尔勒（Arles）附近把携带的东西扔进地中海。

我们的很多大河都起源于高山上融雪和融冰带来的涓涓细流——这就带来一个问题，如果河流源头的冰完全融化掉会发生什么？在喜马拉雅和安第斯山脉这样的区域，那里冰川正在融化，又有多个易受影响的人类社群，这个问题就显得特别重要，因为这些河流里富含的岩石粉末被称为"冰川岩粉"（glacial flour），已被证明含有丰富的营养物质。瑞士山谷里农民们的做法正是这个说法的辅证：他们会定期把冰川融水洒进田地里来确保作物增产。但你绝对不能做的一件事，就是喝掉这种看着像牛奶的液体。在某些冰川里，让冰川水变得浑浊的细石粉中可能含有致病浓度的重金属，例如砷、汞和铅，有些矿物质可能会轻易刺激到胃黏膜。

我在第一个夏天就见识了从上阿罗拉冰川发源的河流的巨大力量。有一天，我手里拿着一根装着棱镜的棍子，站在河岸边等着过河，一位同事正在高处的河流阶地上测量棱镜的位置。（测量棱镜会把测量仪器发出的光反射到仪器上——那次是大地测距仪。仪器通常会摆放在测量范围内视线可见的高处。信号反射回仪器所用的时间就可以用来计算距离。）我开始慢慢渡河，为了不失足，走得极慢，棱镜也小心地安放在棍子上，以免失手弄掉了。终于我蹚到了主河道的中央。水就像一堵墙一样，猛烈地推着我穿着橡胶裤的瘦长双腿。突然，我脚一滑失去了平衡，被冰冷的湍流冲走了，在遍布鹅卵石的河床上一路向下游翻滚，直奔水电站的进水口去了。我几乎没法思考，更别提恐慌了。我试着把身体翻正，但是在混乱的水流中非常困难。最后我还算是够幸运的，被另一位同事捞了上来。他叫马克，是一位高个有着姜黄头发的小伙子。他发现了我蓝白色的防寒服在水中漂着。我在冰川野外考察中的第一场爱情就这样被点燃了。

聆听冰川：冒险、荒野和生命的故事

第一次夏季探险结束，因为各种原因，告别上阿罗拉冰川是相当感伤的。我敏锐地感受到了与亲密伙伴离别的失落，他们几周前还是彻头彻尾的陌生人。在我离开之后几年，阿罗拉计划收获了一项惊人的发现。加拿大和英国两国合作的一群科学家们在钻到冰床的钻孔底部发现了生命，这震惊了全球的科学家们。[13] 有时候确实会出现你预料之外的发现，但回头看的话，你无法理解当时为什么会想不到。很明显啊——为什么我们想不到冰川底部有生命？那里有足够多的水，这是生命存在的前提条件。但这消息仍是一个晴天霹雳，因为冰川学家（基本是物理学家和地理学家）的思维定式在和生物学家合作之后就被打破了。这种发现就证明了跨学科合作的价值，因为新的想法正是在这些学科边界上被催发出来的。

好吧，就阿罗拉冰川而言，我们并没有发现什么比显微镜下的生物更大的东西——但这里仍然存在微生物，地球上最具适应性和弹性的生命。尽管已发表的文章受到了全世界的称赞，但我们这些了解冰川的人都记得，钻孔地点距离布克坦山避难所（Refuge des Bouquetins）的人类排泄物管道并不远。然而，从那以后，我的探险表明，事实上，无论你在冰川中的哪个地方看，你都会发现生命——在逆境中生存下来，使用书中的每一个聪明的生物学技巧来做到这一点。这种生命是如何生存和运作的，它在冰川之外有什么影响？这些是我过去 20 年来一直试图解开的谜团。

2018 年，在我作为一名热情而略青涩的本科生初次拜访上阿罗拉冰川的 26 年之后，我又回到了上阿罗拉冰川。我从海拔 2000 米的阿罗拉村出发，沿着陡峭的小路向上跋涉，来到了营地原本所在的位置，急切期待看到我最爱的冰川。这一路的攀爬比我记忆中要简单，可能我体能更好了，因为我已经从剑桥郡的平原搬去了英国西南部的山地。回到我最初对冰产生热情的地方既高兴又感动。记忆涌现——在那一小片暴晒的帐篷中的生活，每天前往冰川的跋涉，甚至哪块大石头的具体位置——但有一件事真的让我震惊。冰瀑在我的印象里是从山顶延伸到山底的一片巨大的流动体，现在它几乎看不到了。冰舌曾经是一整条伸向下方陡峭岩面的冰隙，现在在中间被戏剧性地切成了两半，因此上半部分和上阿罗拉冰川山谷中的下半部分就不再相连了。因此，原本这座冰瀑孕育的上阿罗拉冰川缩短了大概 1000 米。——我看到了一座冰川的死亡。

爬上悬谷*口，来到谷口上方，在上阿罗拉冰川原本雕刻出的那道山谷里，我再次目瞪口呆——冰川呢？地表完全被灰色和棕色涂满了，就好像在哀悼一样。只有高处有一些白斑，那是这一季的降雪还没融化。我眯着眼睛，勉强能看到冰川的棕色小鼻子。和 25 年前相比，它在山谷中退缩了一公里，像一个暗色的幽灵在那里一动不动。陡峭的岩石侧壁就如同裹尸布一般围在它的侧腰。我吓坏了——就好像我回到家中，却发现家中被洗劫一空一样。我的胃里好像打了个结，眼中满溢着难以置信的泪水。

气候变化有时会让人觉得是个抽象的概念，但当你看到了这

---

* 高悬于主冰川谷底之上的支冰川谷。一般是在山谷冰川汇合处，因主冰川侵蚀力强所以谷底深，而较小的支冰川的侵蚀力弱所以谷底浅，故形成悬谷。

聆听冰川：冒险、荒野和生命的故事

样的景象，并能亲自比较前后照片的时候，结论是不可否认的。这些观察结果在科学文献中得到了回应，因为卫星图像显示，在20世纪70年代初至2010年之间，瑞士阿尔卑斯山的冰川面积减少了20%以上。[14] 但我们怎么知道这就是人类的错呢？难道不能是自然周期造成的吗？当然，我们已经知道地球温度发生的剧烈波动，会导致冰川的生长和消融。在跨越过去6500万年的新生代期间，我们的大陆大致漂移到现在的位置，气候逐渐变冷（除了几个小间断期），导致冰川逐渐生长。这些变化的一个关键因素是大气中二氧化碳的浓度，这一变化的结果就是我们所说的"温室效应"。这种效应描述了一个事实，太阳光照射到地表，会使地表变暖；其中一些能量辐射回大气层，但并非所有能量都会被返回，它们会被云层和温室气体（其中之一是二氧化碳）吸收。这种能量或热量被有效地捕获，就像在温室中发生的一样。

在很长的一段时间里，比如新生代——也就是人类开始在地球上活动之前，大气中的二氧化碳含量一直是几方势力间的拉锯战。[15] 火山随着地球的构造板块移动而喷发，将二氧化碳释放到大气中。地球表面富含碳元素的岩石分解也给大气增加了一点二氧化碳。同时，因其他岩石的风化和植物的生长需要，二氧化碳从大气中又减少了一些。陆地上的植物和海洋中的植物类生物是光合作用过程中二氧化碳的直接消耗者，如果它们的尸体被埋在地下或海洋深处——以石灰岩等碳酸盐岩的形式，或是泥炭地和永久冻土中的未腐烂的有机物的形式——那么埋葬就会让这部分被消耗的二氧化碳很长一段时间内都不会回到大气中。

这些不同的推拉力量是相互作用的：如果火山喷出更多的二氧化碳，就会刺激更多的风化作用和植物生长，从而消耗气体，有助于阻止地球变得太过温暖。这有点像一个恒温器。在过去的四亿年里，随着生命离开海洋进入陆地，陆地植物的扩张和相关的岩石风化逐渐从空气中吸收了越来越多的二氧化碳，这有助于防止地球因火山喷发的二氧化碳而过度升温。

在新生代，不同力量铸就的熔炉和它们对大气二氧化碳的影响，已将地球慢慢推入所谓的大"冰河时代"——两极有大量冰层的时代——的最新阶段。大约6500万年前，冰河时代开始时，大陆正处于脱离母体超级大陆（盘古大陆）的最后阶段，搭上构造板块的顺风车。印度此时与欧亚大陆分离，印度板块通过一个被称为"俯冲"的过程潜入欧洲板块下方。板块相遇处剧烈的火山活动使富含碳的岩石升温，产生的二氧化碳充斥于大气中——二氧化碳的分子浓度超过了百万分之一千，[16]而现代只有略超过百万分之四百。[17]地球的气候很热——对冰的积累来说，太热了。

但是大约从5000万年前开始，印度板块撞进了欧洲，把喜马拉雅山带和青藏高原推了起来——不再有板块俯冲到另一个板块下面了，而火山喷发出的二氧化碳逐渐变少。至于出现的二氧化碳"汇"到底有没有增长，尚有些争议。有可能植物的扩张和一些大规模板块运动导致了二氧化碳汇的增长；可能喜马拉雅山的抬升引发了更快的风化作用，因为山被各种元素和冰川磨薄了，还受到了雨和融水中二氧化碳的腐蚀。[18]无论原因为何，二氧化碳浓度从5000万年前起就下降了，而地球也从"温室"气候变成了"冰室"

气候。

大约三千年前，气候变得足够冷，在南极洲形成了一块很大的冰盖。[19] 澳大利亚、南美和非洲缓慢远离南极洲也加速了这一过程。这些陆块的移动创造了一条海路和一股强大的洋流（南极绕极流），洋流逆时针绕着南极洲的土地旋转，让南极保持低温。200万到300万年前，在进一步的冷却和二氧化碳浓度下降之后，冰层在北半球也开始出现了，从格陵兰冰盖开始出现——这个冰盖至今仍然存在。当冰盖长到比较大的尺寸之后，它白色闪耀的表面就可以帮助气候保持低温，因为它可以把高达90%的太阳光反射到空中。

新生代的最后200万年被称为第四纪。在这一时期，大气中的二氧化碳含量处于新生代的历史最低点，而且环境已经很冷了。我们的记录表明，在这一时期的气候拉锯战中，一个新因素变得重要起来，在新生代长期降温的基础上产生了一系列新的气候变化。那就是地球绕太阳旋转轨道形状微小而有规律的变化，这能影响阳光到达地球表面的热量，进而对地球的冰川产生影响，并充当起有规律的变暖和冷却循环的起搏器。[20] 这种轨道变化并非什么新鲜事，但一旦冰盖变大且气候凉爽时，就会开始产生更大的影响。也有一些证据表明，在大约300万年前，这一影响变得更加明显，导致北半球夏季气温更低，从而使冰层得以积聚。[21] 此后，一种气候交替模式产生了：数万年短暂温暖的"间冰期"与长达10万年寒冷的"冰期"相互交替。冰川和冰盖在冰期生长——包括横跨北美和欧洲的冰盖——然后在间冰期融化，这种循环周期被称为"冰期—间冰期旋回"。

我们目前正处于被称为全新世的第四纪间冰期，已经持续了大约一万年。在此期间，有很多自然发生的气候变化——例如，我们知道，在中世纪的"小冰河时代"，气温比今天低 2 摄氏度。许多冰川在此期间生长，一直持续到 19 世纪中叶。无数的画作描绘了冰川沿着山谷延伸前进，吞噬了整个高山村庄的景象；人们甚至还请求主教来驱除这些冰魔恶灵。[22]

因此，在过去，无论是变暖还是变冷，气候变化显然是自然而然发生的。然而，令人震惊的事实是，大气中的二氧化碳和其他温室气体（如甲烷）的含量在上个世纪开始飙升。我们从被困在南极洲和格陵兰岛中部的古代冰层中的微小气泡中了解到了这一点，这些气泡是通过钻探深层岩芯取样获得的，能追溯到近 100 万年前，涵盖多达八个冰期—间冰期旋回。[23] 这种飙升很大程度上是由人类活动——燃烧化石燃料、耕种稻田、砍伐森林、饲养牲畜等——导致的。有些人认为，我们不能再将当前时期称为全新世，因为人类已经创造了自己独特的气候时代——人类世。

现在大气中的二氧化碳浓度与 300 万年前的上新世中期一样高；[24] 那时的全球平均气温比今天高出 3 度，海平面高出 20 米——差不多约等于格陵兰岛和南极西部冰盖大部，以及南极洲东部周围的冰消失了一样。[25] 这引出了一个问题，那就是，我们将走向何方？

随着我们将越来越多的温室气体排放到大气中，我们必须更深入地追溯过去，找到地球上充斥温室气体的类似时期——只是那时是火山的影响而导致温室气体含量不断上升。到 21 世纪中叶，如果排放量继续有增无减，二氧化碳浓度可能会达到 5000 万年前的水平——那是在南极洲和格陵兰岛能够形成冰盖之前，因为地球太温暖了。再过 200 年，它们可能会达到 4 亿年前的水平[26]——人类只用几百年就可能会到达那时的地狱场景。

当你查看由计算机模型推导出的预测时，瑞士高山冰川的未来是暗淡的。不管我们在即将到来的一个世纪里能否成功减少二氧化碳排放量，冰川的损失都会非常高。据估计，到 21 世纪末，这些冰川超过 80% 的冰都将消失[27]——因此不会再有上阿罗拉冰川，或者肯定不会像我以前所看到的那样。我 20 岁时亲身体验过的风景，我做学生时激励过我的风景，将不可逆转地发生改变，这种损失是无法估量的。

第二章　熊，比比皆熊

斯瓦尔巴群岛

　　我的雪地车旁若无人地缓慢驶过峡湾结冰的山脊，冰盖层叠堆积，就像波浪在辽阔的海面上起起伏伏。发动机单调的轰鸣声让我昏昏欲睡，仿佛时间就此停滞、世界在此永恒一般。挪威北部神奇的斯瓦尔巴群岛里，最大的岛屿是斯匹次卑尔根岛（Spitsbergen）。从地图上看，海洋向这座岛屿伸出了许多根胖胖的手指，其中之一是范迈恩峡湾（Van Meijenfjord）。大约一万年前，最后一次冰期结束时，随着我们的大冰盖融化海平面上升，冰川形成的深谷被水淹没，形成了这个峡湾。

　　我的目的地在范库伦峡湾（Van Keulenfjord）的南岸，是范迈恩峡湾南边的下一个海湾，这意味着要在冰冻的海洋中进行两次艰苦的穿越。我用帽子和围巾裹着脸，试图抵御刺骨的寒冷，但鼻孔还是没法摆脱前面雪地车尾气中浓烈刺鼻的汽油味。我强撑着整个身躯，全力抵御着冰冷的空气。为了在冰面上前进，我右手拇指一直用力按着油门，都快麻木了。前方十米处的雪地车像某种黑色生物一样嗡嗡地在不平的雪地上起伏。我眼睛盯着它，脑海里充满了恐惧，担心自己会失去注意力，一不小心没看到冰面上一些难以判断的情况，进而导致翻车，把我像丢布娃娃一样扔出去。

开雪地车是我春季抵达斯瓦尔巴群岛后必须掌握的众多技能之一。这些技能全是从一群经验丰富的挪威冰川学家那里学到的，特别是奥斯陆大学的教授乔恩·奥韦·哈根（Jon Ove Hagen）。作为斯瓦尔巴群岛上的传奇人物，乔恩·奥韦有着闪烁的蓝眼睛、富有感染力的笑容，以及见多识广所以处事不惊的态度。我仍然记得他俯在雪地车上的瘦削身影，带领我们穿行山谷、越过峡湾和冰川，猎户帽的护耳被风吹得上下翻飞，就像狂风暴雨中的野生蝙蝠一样。从驾驶雪地车越过陡峭的山谷边缘（诀窍是把它当作一艘小帆船，通过把身体悬在一侧或另一侧来保持平衡）到应对黏湿海雾中猛然出现的熊——乔恩·奥韦教会了我在这儿所需要知道的一切。

穿越斯瓦尔巴峡湾的冰层很可能会发生危险，最好在春季很短的一段时间内进行，那时太阳已经从漫长的冬季黑暗中回归了，但峡湾的冰层仍然足够坚固，足以成为从一座陆桥到另一座陆桥的相对安全的通道。即便如此，也还是会有危险。偶尔有些路段我们会遇到因海冰漂移而出现小裂缝，这时冰层块状的表面变成水洼，你永远不确定在那下面是更多的冰还是又深又冷的海水。我的挪威同行们一遇到这些有水的路段，当下的反应就是开得更快——这办法适用于从冰川裂缝到峡湾稀碎的海冰区，以及你所遇到的大多数的各种冰洞。你紧张地按下油门向前猛冲，可能会感觉到雪地车的后部越过洞口，砸在洞沿上，发出一声闷响，前履带的抓地力足以推动你向前，而不是向下掉进深渊。这很可怕，但也挺刺激。然后还有一个一直存在的问题，那就是熊……

斯瓦尔巴群岛是"大冰熊"的据点之一——在挪威语中它叫 Isbjørn，在加拿大沿海的因纽特人眼中它是 Nanuk，对全世界大部分人来说它叫北极熊。它的拉丁名 *Ursus maritimus* 或许最能让你瞬间明白它对海洋的依赖性，因为海洋供给了它食物。在斯瓦尔巴群岛工作时，这种强大又孤独的野兽从未远离我的思绪。每当我看到一个在迷雾中蹒跚而行的暗黄色生物，或是远处地平线上一个发白的斑点时，我都会问自己，这是一只熊吗？它在向这边走吗？我会眯起眼睛看看它是否具有北极熊特有的笨重身体和白色小脑袋，还是说只是一头驯鹿。（通常情况下，是后者。）

斯瓦尔巴群岛的峡湾是北极熊赖以为生的廊道。海面的冰层为它们最重要的猎物环斑海豹（ringed seal）提供了港湾和休息处。北极熊长着长脖子，速度又快，这使它很适合从冰洞中捕获海豹，或是在海豹游泳的时候跟踪它们。[1] 在地球上的八种熊里，北极熊是唯一一个完全食肉的物种。倘若到 21 世纪末，北极的冰完全消失 [2]，对北极熊意味着什么，这显而易见。如果没有冰的话，这些熊就会失去迁徙的落脚点，以及主要的食物来源。

仅仅在 50 年前，北极熊还是无差别捕猎的对象，就连去北极短途旅行的游客都可以随便打上两枪。由于数量的减少，20 世纪 70 年代初它的几个主要所属国（加拿大、丹麦、挪威、美国和苏联）签订了一份保护北极熊的标志性协议。北极熊现在被国际自然保护联盟（IUCN）归类为"易危"。因此，虽然你在斯瓦尔巴群岛上还是得带把枪，但要是你射杀了一只北极熊，它的保护级别就意味着你有责任证明当时你的生命处于危险之中。菲利普·普尔曼（hilip Pullman）在他的《黑暗物质》三部曲中的第一部《北极光》中把它们演绎成了"panserbjørne"，也就是"盔甲熊"；小说中的故事发生在与我所知完全不同的斯瓦尔巴群岛，但是写出了一种令人感到熟悉的魔力。现实中斯瓦尔巴群岛的北极熊，唯一的盔甲就是在几百万年的演化中磨炼出来的狩猎直觉，随着如今海冰的缩减，这种直觉迅速变得没用了。

我在斯瓦尔巴群岛上看到过很多熊——有的远，有的近，有的太近了。我记得每一次相遇，每只熊，兼具恐惧和惊奇的醉人感受，并且每次我都能感受到，我才是这片冰封大地上的入侵者。这种壮丽的熊有一种特质一直吸引着我——它可以自由地在大地和海洋上游荡，不受国界限制。可能它反映出了我们想要决定自己命运的意志；可能这就是为什么我们会在情感上觉得与它的命运相连。

有一次，就在我眼前几厘米的地方，我曾经盯着看过一只北极熊的小黑眼珠。当时我和它之间隔着一道薄薄的有机玻璃窗。几秒前，它刚打算进入我的小木屋。木门本来应该很牢靠才对，但那次门和铰链之间只用了磨损的橙色麻绳来固定——因为驾着雪地车到达时已经很晚了，慌乱中我割绳子割到了食指，刀深至骨，血喷得到处都是。我有两个同伴——总是很开心的威尔士人马丁·特兰特（Martyn Tranter，曾经是我的博士生导师）和冷面笑匠伯明翰人里奇·霍奇金斯（Rich Hodgkins），但两个人都见不得血，所以我就只好自己应急处理了一下受伤的手指。马丁在对面的床上鼾声如雷，吵得我睡不着觉，这时候，我被一阵抓挠声惊醒了；我从上铺跳下来，眼前就是一只熊。它巨大的爪子按在木屋门上，轻易就能进得来。但幸运的是它还不饿。结果，它通过小屋的窗户往里窥探过之后，就在几米之外和同样体形的配偶兴致勃勃地开始了交配仪式。我敢打赌，就连大卫·爱登堡（David Attenborough，著名自然纪录片制作人）都没见过这个，大概吧！

我们通常认为北极熊是毛茸茸的可爱生物，适合画在贺卡上。我必须说，在我和北极熊对上眼的那个信仰一刻，我看到的是冷酷的虚空——只有顶级掠食者的野性。那是一次让人不寒而栗的体验——猎人与猎物的相遇——只不过作为人类，我那次处在了后者的位置。在那一刻即使手上有一杆上膛的枪也不会带来太多的安全感。用枪就真能对抗这只北地的巨兽吗？我抑制住了伸手去拿几米之外墙上挂着的相机的冲动，我的腿钉在地上，由于纯粹的恐惧而颤抖，想着这可能是我短暂的生命的最后一刻。幸运的是，两只熊在约会结束后走回了迷雾之中。我们第二天通过无线电向朗伊尔城（Longyearbyen）的挪威极地研究所总部报告了这次夜间遭遇，线路的噪声大到令人沮丧——"你想汇报两只鸟?！"线路另一端的声音带着挪威口音问道。看来我们的历险并不怎么受重视。

在 20 世纪 90 年代的许多个月里，这座遇到过熊的锈红色木屋是我在斯瓦尔巴群岛上的家。这座古怪的独栋建筑名叫"斯拉特布（Slettebu）"，坐落于古老斑驳的冰川冰碛和峡湾黑水之间，处于一个完美的位置，可以去看附近的芬斯特瓦尔德冰川

　　聆听冰川：冒险、荒野和生命的故事

（Finsterwalderbreen）。这座冰川于 1862 年得名于德国冰川学家塞巴斯蒂安·芬斯特瓦尔德（Sebastien Finsterwalder，后面加上了挪威语表示冰川的 breen），位于斯瓦尔巴群岛西南部的韦德尔·亚尔斯贝格地（Wedel Jarlsberg Land）。和上阿罗拉冰川一样，它也是山谷冰川，但它比那座高山上的表兄弟大多了。冰川本身很大，从冰川鼻向缓坡上延伸大约 11 公里，一直延伸到陡峭的岩壁上。芬斯特瓦尔德冰川坐落于北极高纬度地区，四季如冬奇寒无比。年平均温度都只有零下几度，通常在冬天气温会下降到零下 30 度。和我在碧空艳阳下的高山夏日相比，斯瓦尔巴群岛感觉就像是一头栽进冰水里。

1994 年，我第一次来斯瓦尔巴群岛，这反映了科学界的关注点向极地转移。他们希望能理解这里的冰川和更温暖更易达的高山冰川相比有什么区别。这座群岛的大小和爱尔兰相当，上面有大约 2000 座冰川，覆盖了一大半土地。[3] 因为这里气温每年有好几个月低于零度，其中较小的冰川的冰几乎永远在冰点之下，而最底层的那层"鞋底"被死死冻在了底层岩石上。也就是说，它们只能通过冰晶的缓慢形变来移动，因为冰床上没有能帮它滑动的水。本质上说，它们只能爬。

芬斯特瓦尔德冰川就不一样了。它大到可以避免被冻在冰床上。和所有的极地冰川一样，它表面确实有一层非常冷的冰，在冬天会变冷，在夏天会稍微变暖。但如果你钻透了这个冰点以下的最外层，就会到达"温暖"的内核，大约在冰点上下——就好像一个被切成两半的果酱甜甜圈，外层有个硬质脆壳，内层是个软乎乎的芯。这种冰川被称为冷温复合冰川（polythermal），因为它有不同的温度区域。但是当我在 20 世纪 90 年代中叶第一次拜访这里的时候，科学界还对冷温复合冰川所知甚少，尽管北极高纬度地区的大多数冰川都是这种类型。

你可能还在好奇，冰川是冷温复合还是一冻到底又有什么关系呢？毕竟，冰川就是冰川，不是吗？在 20 世纪 90 年代，占据科学家内心的问题是：既然大型极地冰川的表面有一层低于冰点的表壳，那么有没有部分的夏季融水可以穿透表面冷层，到达（相对）温暖的冰床呢？这个问题意外地重要，可能会影响到有关冰川的一切。冰床上的融水能让冰川顺着水层滑动，让移动速度变快；冰川移动的速度会相应影响冰川侵蚀岩石底层的速度，而后者又会影响到对地貌的塑造过程，以及能不能产生出富营养的冰川岩粉，来维持湖泊、河流和海洋中的生命。这个问题还会从根本上影响到冰川底部微生物是否存在——因为生命需要水。我的博士论文题目就是搜寻这层难以捉摸的水和它的流动路径——这让我花了三年钻研冰川深处。

因此，在我 21 岁那年，在很多身边的朋友舒服地坐在会计办公室、法律公司和咨询公司里的时候，我却身处北纬 78 度，在离北极点一千公里的地方，为了追逐冰川下的水而横穿冰冻的大海。我实在不敢相信。作为本科生，我从来没想过要读博士，更别说当冰川学家了。但是，我在瑞士野外研究的最后几天，在阿罗拉村遇到了马丁·特兰特。马丁在冰川学界算个人物。他在南威尔士的埃布韦尔（Ebbw Vale）长大，骨子里透着骄傲。他以丰富的一句一梗的段子储备量而闻名，尤其是那句"每天都是最后一天"，他会在高兴的时候这样大喊——你很容易通过他的超大号蓝色派克大衣认出他，这件外套历经四十年的风雨考验，至今仍出现在他的每次野外旅行中。我们在阿罗拉第一次见面的几个小时后，他随口问我是否想在布里斯托尔读博士——他参与了一个由欧盟资助的大型研究项目，研究斯瓦尔巴群岛的冷温复合冰川。我紧张而又急切地坐火车去布里斯托尔参加"面试"，说是面试，但更像是一次友好的聊天，随后我们到酒吧续谈，我就这样近乎奇迹般地赢得了这个博士生名额。和如今博士生招生需要经历的艰苦比起来真是大相径庭，现在招博士生时，候选人的数量往往远远超过要招的名额，此外还不得不忍受选拔小组各种刨根究底的询问——这种变化是由于如今的雇主们认识到博士生实在是非常有用。

　　而在我的时代，很少有人会选择去读博士。我还记得当我宣布我将开始攻读为期三年的冰川学博士学位时，我的一些家人相当怀疑："你到底为什么想要困在寒冷北极的冰块顶上？你自己都挺怕冷的！"（有道理——我确实怕冷。）"这些领域都是男性在做吧，它真是适合女性的职业道路吗？"然而，成为一名冰川学家对我来说几乎是一种本能选择——我喜欢荒野，热爱在山上自在漫步，迷恋着冰，而到目前为止我的理想是成为一名农民、一位农业机械师或者一名护林员——但这些都不怎么顺利。我的学校拒绝了我在大学预科时的工作经验，因为他们不认为农业对于一个女孩来说是一个让人尊敬的职业；当其他学生都飞奔到伦敦的豪华办公室时，我格格不入地待在家里，前途暗淡。当布里斯托尔大学为我提供了一个研究北极高纬度地区冰川的博士生名额时，我很高兴——毕竟终于有点希望了。

结果就是，我现在待在地球最靠北的一片陆地上，找水。在春季的斯瓦尔巴群岛上工作可谓是气象万千——高天晴空湛蓝如洗，夺人心魄，目之所及阳光闪熠，令人雀跃。这是我一年中最喜欢的来访时间。穿越峡湾和一些纷杂交错的冰碛之后，我和乔恩·奥韦·哈根、安妮-玛丽·纳托尔（Anne Marie Nuttall，英国老乡）抵达了芬斯特瓦尔德冰川那白雪覆盖的平整冰川鼻。我跳下雪地车，在冰川前平坦雪地上信步而行，我的脚轻轻落在雪地上，仿佛路是羽毛铺成的一样。我沉迷于这片平坦闪耀的白色寂静之中，但有些东西看起来不太一样。首先，我能听到轻微的流水潺潺，其次，我注意到地上有一些小块的雪更深更湿。气温已经是零下至少 20 度了，但这里还是有液态的水——这怎么可能？要想解释一下这看起来多荒唐——想象你把一盘水放进冰箱冷冻室放了几天，结果发现它还没结冰。

我注意到，这种水看起来是从一大片非常平的固态冰下涌出来的，上面还覆盖着薄薄一层雪。我后来学习到，这种冰盖叫作积冰（naled ice），原本是个俄文词，但德语说法"Aufeis"更为直白，就是"顶上的冰"。[4] 这是一种特别的固态冰，通常在永久冻土区域出现，这里即使在冬天水也会从深处的泉眼里流出，因为在漫长的冬季里地下水一次次流出，结冻，然后一层层积起来。以前研究斯瓦尔巴群岛的挪威和波兰冰川学家们就已经在当时的科学论文里注意到了这种积冰。[5] 但是，最大的问题在于，这么多水是从哪来的？酷寒之外一定会有一个稳定的来源。我能勉强想到的唯一一个地方就是冰川的冰床——但我需要一个巧妙的方法来测试，又或者我需要让这些水告诉我它们从哪来的。

关于水，它是有记忆的——化学的记忆。水流过岩石，会把岩石缓慢溶解掉，岩石中的化学物质也就进入了水里。具体有哪些有多少化学物质存在水里，就能揭露出它经历的历史。例如，你可能会知道水已经流了很远的路程，或是它流过了一片充满了泥的环境，或同空气中的气体有有限的接触，或是源于深深的地底。水也会忘事。随着时间经过，土可能会沉淀，化学物质的浓度可能会变高，达到饱和并结晶，形成固态的晶体然后析出，就像你水壶里的水垢一样。利用这种化学记忆就好像在犯罪现场进行法医鉴定一样。隆冬时节，在芬斯特瓦尔德冰川就有水——是谁干的？

如果你身处冰冻的荒野里，想从水中获得线索就有点麻烦——你需要先进的器材，这就需要空间、电力和无菌的实验室环境。但是，即使是最严酷的环境下，也还是有几个小工具可以提供融水化学记忆的基本信息。一根能检测水样中有多少电能通过的探针就特别好用。纯水的导电能力不怎么好——里面并没有什么东西能把电荷从探针的正极运到负极——但水很少有那么纯净的。

水流过岩石表面，或是流过土壤或沉积物，其中的少量酸——通常是二氧化碳溶解进去所形成的碳酸——会不断侵蚀岩石。在巴斯、布里斯托和牛津这种城市里，中世纪建造的石灰石质房子上，你可能抬头就能看到恐怖鬼魅的滴水嘴——雨水中的酸逐渐溶解掉了它们石灰石质的脸。因此，水就从溶解掉的石头里获得了带有正电荷和负电荷的"离子"——本质上说，这些就是它的记忆。这些离子是由原子或是不同元素的原子团（分子）形成的。往水里通电的时候，离子就会变得超级激动，互相撞来撞去的，就像是锐舞派对里的人群一样。它们这么做的时候就会把电流像传荧光棒一样传走，连接起探针的两个电极，这样水体就能导电了。水里的离子越多，能通过的电流就越多。

所以，在斯瓦尔巴群岛流经积冰涌出的水，它的化学都告诉我什么了？我在冰面找到一个位置钻孔放下探针，了解到的第一件事就是，这水可以导电——还挺不错的。可能它接触过冰床上的岩石？我用小瓶子采了些样品，过滤掉了所有沉淀物，回到布里斯托尔之后用仪器跑了一圈。仪器告诉我，这种有趣的水里面确信富含来自岩石的离子，这就提供了更有说服力的证据，说明它可能是从地上来的——可能就是从冰床上来的。但是，想搞明白水是怎么过去的就难了；我得等夏天再去一趟，等积冰和雪构成的盔甲稍微融化一点再说。

如果说斯瓦尔巴群岛的春天充满了刺激雪地车之旅、令人目眩的雪景、吃饱了的北极熊和刺骨的寒冷所带来的愉悦，夏天就像是派对结束之后的忧伤。雾蒙蒙，阴湿湿，灰暗暗，气温徘徊在 5 摄氏度附近——这是另外一种冷，只要你站着不动就渗进你的四肢，就好像墨水洇到纸上一样。湿度是西斯匹次卑尔根暖流带来的——墨西哥湾暖流的延伸，它把温暖的水从大西洋运到斯瓦尔巴群岛的西岸。每次去芬斯特瓦尔德冰川，都是一场持续好

聆听冰川：冒险、荒野和生命的故事

几天的考验。三趟飞机，从伦敦到奥斯陆，再到挪威最北的特罗姆瑟（Tromsø），再到朗伊尔城。这座城最初是一座采矿营地，得名于美国商人约翰·M. 朗伊尔（John M. Longyear），本地煤矿开发的关键人物。朗伊尔是斯瓦尔巴的首府，它坐落于阿德文峡湾（Adventfjord）的海岸线上，是更大一点的伊斯峡湾（Isfjord）的内陆延伸，有一片集群的预制工业风建筑和几千位居民。对我们来说，它最重要的特点就是有小杂货店，那里能买到所有补给，从罐头肉丸到步枪子弹；还有一个酒吧，可以在野外考察结束之后奢侈一把，享受披萨和贵得要命的啤酒。从朗伊尔城出发，要开着雪地车走一整天，穿越山地和冻结的峡湾，又或是在温暖的月份里让一架昂贵的直升机载上一程，才能到达凡克兰峡湾（Van Keuenfjord）。芬斯特瓦尔德冰川就躲在一些耸立的冰碛后面。夏天降落的时候，我总是觉得自己就像个麻袋一样被卸到了一座未知的星球上，远离人类的生活。每次我看着直升机消失在远方灰色的天空里，几个月都不会回来，都会感到一阵恐慌。

我们的小木屋斯拉特布成为了抵抗风雪和熊的避风港。里面有一个烧木柴的火炉、三张床铺和一张简单的木桌和木凳用来吃饭——是适合四个人的舒适住所，夜里总得有一个人睡地板。你永远也不会知道能不能和其他室友处得好，并且每个人都不可避免地会有需要抵御孤独、和所爱之人分别，以及寒冷和细雨的时候。我住在那里的第一个夏天，有一名室友是一个高个子研究员，叫安迪·霍德森（Andy Hodson），留了一副大胡子，黝黑蓬乱的头发看着就让人想起狼人。我到的时候，安迪已经在此居住了一个月

（所以头发才那样），但是后来他乘直升机撤离了，因为小木屋里的炉子着火了，他徒手把炉子扔出了窗外，烧伤严重，需要去医院做紧急处理。尽管如此，他还是决定飞回来再进行一次野外考察，当然了，他得一直承受着痛苦和创伤的记忆。他遇到最大的困难之一，就是只有一只手可用——我那一整个夏天都在给他卷烟草。

　　我了解到，每个人在野外的表现都和在家有点不同——它会让你显露出在文明社会隐藏得很好的另一面。对我来说，音乐是很重要的应对机制，我的索尼随身听成了漫长科考期间久经考验的忠实伙伴。当状况艰难的时候，我就会一个人溜出去，肩扛步枪，走到附近一个鹅卵石海岸。我会轻轻把步枪放在石头上，把后背靠在大地上——这应该是熊最不可能出没的方向。我会把耳机舒服地戴在耳朵上，按下"播放"按钮，然后随着音乐疯狂地动来动去——一支野性、扭曲的舞蹈，会连接某种隐形的力量来给我充电。我出发之前，朋友们把他们最喜欢的歌翻录到磁带里给我——其中来自布里斯托的神游舞曲乐团"大举进攻"（Massive Attack）创作的曲目占比相当大。我会随着他们的"未完成同情曲"（Unfinished Sympathy）疯狂舞动。磁带是我的博士同学安妮-玛丽·布雷姆纳［Anne-Marie Bremner，昵称布雷姆斯（Brems）］录给我的。前奏里鼓的轻锐敲击和随后而至的三角铁音色的合成音每次都能让我从忧郁的心情里跳出来，暂时驱散我的怀疑——为什么在如此纯净而美丽的野外我还会如此沮丧呢？然后我就会把步枪背回肩头，缓步走回小木屋，面带微笑，就像什么也没发生一样。

要是在家那边有伴侣的话，情况就会更糟。虽然接下来这话听起来很糟糕，但忘掉就简单了——要是你全身心思念一个人的话，每天都会饱受相思之苦。如果你在当下忘掉这个人，全身心投入和野外同伴一起的新生活的话，一定会感觉更好。我花了很长时间才学到这一点，而最早的那几年我经常会为这种疏离怀有负罪感。不过，回到家之后，想回忆起当时为什么会对那个人产生爱情冲动就比较难了。我努力想解释清楚野外的经历，描述严酷的野外，大家在一起的欢愉，糟糕的冒险，但没几个人能真的理解——平心而论，怎么可能理解呢？

虽然斯瓦尔巴群岛的夏天很短暂，在那不多的几个月份里太阳从来不会真的落下，所有活物都在全力交配、吃东西，然后在长长的冬夜到来之前进入冬眠。我感觉这种始终运行的被压缩的生命循环颇具传染性，因此就全身心投入项目中了。在夜里，宁静降临了峡湾，光线消失，虚无的蓝色调包裹住了冰雪和岩石的土地。然后，太阳想要落下，将天空染成一片斑驳的玫瑰金，接着却只能继续在天上移动，又重新在东方升起，开始新的一天。到了八月，太阳终于可以偷偷溜到范库伦峡湾北岸的山峰之下了。这些山峰独特的锥子形状是半岛最引人注目的地貌，也是 16 世纪荷兰探险家威廉·巴伦支（Willem Barentsz）最早将这片土地命名为"斯匹次卑尔根"（意思是"尖锐的山"）的理由。在范库伦峡湾，这些山就像是石化的波浪，从西边的海的方向，涌向铅灰色的阴郁天空，仿佛它们以前一直在动，直到有人暂停了时钟，突然变成了雕像一样。多种颜色的地层说明那是一层又一层不同年代和地理的岩石，被顶成倾斜的状态，由于斯瓦尔巴群岛岩石海岸上缺乏大面积植被而夸张地暴露在外。

我期待着在夏天与芬斯特瓦尔德冰川相遇，想知道在它褪去了冬天的软雪毯子之后，我会发现什么？徒步行过混乱的冰碛，到达冰川底端，我接近了春天注意到积冰下面有水涌出的地方。那里还有一些积冰，在夏季的温暖之下悲惨地腐朽，好些地方都碎裂了，无法穿行。一条狂野汹涌的激流野蛮切过分层的冰川体，驻波在弯道处疯狂地打出泡沫——这就是流向芬斯特瓦尔德冰川冰前湖（proglacial river）的河流。

我没猜对这些水的来源——事实上，有两个源头，而不只是一个。其中一些水是从一个深邃的冰壁通道中猛烈涌出的，通道那黑暗的、令人不安的洞口大张着，就像一条在冰边的巨鱼的血盆大口。我曾在春季时冒险进去过，那时它完全是干涸的，水和风塑造出的贝壳圆齿状冰壁让我震惊地看了好久。但是，主河道中的大部分水并不是从这个巨大的通道中流出的，而是来自附近一个奇怪的地方——一个巧克力色的喷泉，它向空中垂直喷出一股泥浆水，大约有一米高——我称它为"芬斯特瓦尔德上升流"——它似乎是从地下冒出来的。大概这就是我春天遇到的水的来源？就是这些水冻结后形成了积冰？

为了回答这个问题，我打开了与之前一样的用来研究水的化学记忆的工具包。令人惊讶的是，上升流中水的电导率几乎与我春天时在离这个地点不远处遇到的水一样。但我需要知道为什么，所以每天我都把一个塑料取样瓶用力塞入猛烈的喷口中，尽量收集含有沉积物的融水，同时小心别让自己摔进去。我迅速过滤掉沉积物，使其不再溶解在水中，从而将水的化学成分及时锁定在那一刻。嗯，给它拍一张化学快照。

回到实验室后，它的化学组分告诉我一些很惊人的事。首先，水里有微量的钠和氯（简而言之就是盐）。岩石一般不会包含很多盐，因此最可能的来源就是海里，海洋里有着巨量的盐储量。但是大海离这里有1公里多远。这么多盐是怎么跑到冰川底端喷出来的水里的？当我重新审视春天用雪地车采集的一些雪样本的时候，答案就出来了。那里同样包含了神秘的钠和氯。

在冷空气中，当来自大海中的水滴凝结在灰尘或冰晶上的时候，雪就形成了。在斯瓦尔巴群岛的临海区域，少量盐会以海雾的形式进入大气，最终变成雪。事实上，当雪变为冰川冰的时候，大多数盐都已经析出了，因此冰川冰通常挺纯净的。用这套理论解释盐是如何进入上升流的话，就有一个缺陷——我夏天站在冰川底端，既看不到雪也看不到大海。这就奇怪了。只有爬到最高的冰碛顶端，才能勉强看到11公里外冰川的上半部分。那里冬天的降雪还存在，在刺骨的空气中缓慢融化。哇。这就意味着上升流一定是来源于芬斯特瓦尔德冰川顶端集水区里充满了盐的融雪。这就给了我下一个问题：这些融雪到底是如何经过11公里的路程到达冰川前端，并通过上升流冒出来的？

研究上升流的晦暗化学记忆的过程中，我发现了一种被称为"愚人金"的亮晶晶的似黄铜的矿物——没那么值钱，但很容易被误认为是真正的黄金，19世纪40年代加州淘金热期间经常出现。

它的地质名称是黄铁矿（Pyrite），一种硫化铁矿物，其中两个硫原子与一个铁原子紧密结合，化学式为FeS_2。黄铁矿以希腊语中的火（pyr）一词命名，因为它在撞击燧石时会产生火花，这是尼安德特人生火的方式之一。[6] 它是一种极易发生反应的矿物，以至于考古学家很难证明这种短暂的矿物确实在数十万年前曾与燧石撞击而用来生火，因为在找到的燧石上，所有黄铁矿的痕迹都已经消失了。

几乎在所有的岩石类型中都可以找到少量黄铁矿——它无处不在。这意味着它也潜伏在冰川之下。由于冰在岩床上不断移动，缓慢的研磨就会使活性黄铁矿从其岩石基质中被释放出来。黄铁矿与水或空气中的氧气发生反应，产生一种称为硫酸根的离子，同时产生酸和一些溶解的铁（之后通常会转化为一种铁锈）。如果你在从冰川中流出的河流中发现了硫酸根离子，你就知道水一定是经过了冰川床的某一部分。因为那才是冰在岩石上移动，并不断将黄铁矿从其石质的居所中被释放出来的地方。

在阿罗拉冰川——如果你还记得——钻孔显示出了冰川床上有两种类型的排水系统：快速流动的河道（有点像地上的河流，只不过河道壁是冰质的）和沼泽区域（一大堆互相连通的洞穴，水会以更平静的速度流经其中）。缓慢流动的水系覆盖了冰川床上更大的区域，也就是说，任何从冰川岩质冰床侵蚀下来的石粉，通常就是在这里首次与水接触的，因此，这里也是那些极易发生反应的矿物，比如硫化物，首先开始溶解于水并释放出硫酸根离子的地方。当石粉进入快速流动的河道时，其中的硫酸根离子通常已经耗尽了，几乎没有新的硫酸根离子会加入到融水中。因此，这里就有了一个能分辨冰川下两种不同类型的管道系统的标记——硫酸根离子。

我分析了在芬斯特瓦尔德冰川里冒泡的上升流中收集到的水，惊讶地发现其中包含了很多硫酸根离子。我又看了看春天时装进瓶子里的水——也就是从积冰下面渗出来的水，我发现了同样的东西：大量硫酸根离子，还有一些只有通过水溶解岩石才能产生的离子。所以说，这些上升流中神秘的水，实际上就是融雪，它们缓慢穿过了一个有大量被磨碎的岩石的环境，这样才有充分的时间让岩石和水发生反应。最大的可能，就是通过了缓慢流动的那套水系。

但是，到底为什么融雪产生的水会通过上升流出现呢？这个问题没人能确切回答，不过看起来，像芬斯特瓦尔德这样的冰川，底部流过的融水很难到达冰冷的冰川鼻，因为它的冰川鼻完全彻底冻在了底部的岩石上，功能上有点像个大坝。在这种冷温复合冰川里，水通常难以逃离冰床。在加拿大高纬度地区，埃尔斯米尔岛（Ellesmere Island）的约翰·埃文斯冰川（John Evans Glacier），因为融水没法逃离冻结的冰川鼻，在初夏时节，冰川底部的融水就会积聚起来，直到压力高到能从冰川鼻冲出一条通道，同时还在垂直方向炸破冰川表面，创造出一个自流的喷泉，有点像是一条鲸鱼在喷气呼吸。[7]

偶然一次，我在芬斯特瓦尔德冰川也遇到了类似的现象。那是 1995 年，一次漫长的野外考察季接近尾声的时候。我很疲惫，渴望着能回到舒适的家，吃些好的，而不是饼干、软塌塌的罐装肉或是鱼丸之类的东西。离结束大概还有两周的时间，我和同伴们前往冰川，对安装在主河道上的仪器进行日常检查，以便测量河道深度（以及流量）、电导率与沉积物水平。突然，我们听到一声闷响，然后是轰隆隆的撞击声，几分钟后河里的水位迅速上涨，和人差不多大的流冰被抛下河道。令我惊恐的是，瞥见一大堆缆线被扯过陡峭的河岸，一些固定仪器的角铁和杆子之类的机械结构也被无情地拖入暴涨的洪流之中。

我慌忙冲过去抢救我们的观测站，被一块从泥堆里凸出的石头绊倒，重重摔在地上，右腿膝盖磕到了石头。实在是很疼，但也没什么办法，我只能强忍着。（后来发现我的髌骨骨折了。）在这种罕见的突发情况下，我们没有任何仪器能测量河流的流量了，于是在河水平缓的地方支起了一根简单的垂直杆，在杆子上加了以五厘米为单位的刻度。在这个观测季剩下的两周里，我就在这根杆子旁边的小帐篷里露营，每隔几个小时，我就像一只受伤的动物一样，用手和仅剩的一只膝盖爬出小帐篷，爬到泥地里，读一下河流的水位是上升了还是下降了。

这些来之不易的测量结果告诉我，这些连续几天从冰川中涌出并让我一块髌骨失去功能的洪水，可能来自于冰层下的一个巨大湖泊。[8] 在整个夏天里，这个湖慢慢填满，然后一下子灾难性地溃决，把其中的水释放到水道里，变成一股洪流灌进巨大的冰窟——我原本以为这条水道根本没有和冰川床相连。所以，芬斯特瓦尔德冰川床上的水，有两个渠道可以绕过冰冻的冰川鼻底部——一条是通过秘密的地下通路持续的融水，最终到达冒泡的上升流，另一条是通过喷涌的河流，取道冰川西部边沿，最后到达冰洞。考虑到痛苦的经历，我更喜欢上升流一些。

我的同行，剑桥斯科特极地研究所的安妮-玛丽·纳托尔，在最初的几年里也教会了我大量的实用技能。她后来对芬斯特瓦尔德冰川的冰流量的测量，证实了我有关冰床水的理论——她在冰川表面钻入了铝质的桩子，仔细测量了位置。结论是冰的移动速度会从冬季的一年 10 米增加到夏天的一年 30 米。[9]虽然有一层寒冷的表面，很明显融水还是可以到达芬斯特瓦尔德冰川底部的。这就相当于润滑了冰川的底部，让冰可以更快地向下坡滑。

这听起来很简单——花一夏天时间在如月球般荒芜的冰川工作面溜达，往透明小塑料瓶里灌入过滤后的融水，放到盒子里，带回家跑实验室里的各种机器。但实话讲，我第一年的博士生涯里基本不懂我在干啥，为什么要这么干。上一周我还套着袍子，顶着四方帽，在剑桥忍受一个极其浮夸的毕业典礼，下一周我就坐上了飞往斯瓦尔巴群岛的飞机，拖着一个我勉强才能提起来的背包，配上锃光瓦亮的冰镐、冰爪和新买的一套羊绒衫和戈尔特斯外套（要说我从阿罗拉之行里学到了一件事，那就是冰川很冷）。

在我可能被派往的所有地方中，斯瓦尔巴群岛的一些事物甚至在登机之前就已经吸引了我的想象力。当我还是个孩子的时候，所有那些去凯恩戈姆山的阖家度假，都唤醒了我对"北方"的迷恋。每年，我们从伦敦出发上高速公路，我都会注意到上面蓝色的大广告牌，写着白色字样的"北方"。它总是给我带来一种满怀期待的战栗感。因此，当我终于出发前往斯瓦尔巴群岛——真正的北方，我几乎无法抑制自己的兴奋之情。

但我很快就意识到了野外工作的一个关键问题：如果你认为你是在工作，那就大错特错了。实际上你是在生存，并在此过程中顺带进行一些研究——如果你足够幸运的话。生存的任务有应对复杂多变的天气（还有阴晴不定的心情），想办法让平淡无奇的口粮吃出再生纸板之外的味道［在你不需要在海滩上练习步枪时，肉丸罐头或挪威鱼丸（fiskeboller）是创意烹饪的主要对象］，为炉子收集浮木，在冰冷的水中洗衣服和洗澡。每月一次，我会试着洗一下我日渐稀疏的头发——把它浸入峡湾的冰水中，这让我的头骨感觉它正在缩小到很小的比例。日子很漫长，工作经常被一些灾难打断，要么是天气原因，要么是一些装备无法使用或无数次被水冲走——里奇·霍奇金斯总是在烦人的一天结束时做出总结陈词："很好——没有人死亡，小杰。"他会用他那柔和、死板的语气说。从某种意义上说，我发现所有这些"生存"工作是一种脚踏实地的流程，当我回到这种可能更接近早期人类，相对较简单的生存方式时，整个身心都得到了放松。

然而，北极熊始终是一个焦虑的来源。过去的几十年里，随着斯瓦尔巴群岛周围海冰的减少，它们在陆地上的身影也在增加，它们被迫从陆地上寻找食物——鸟蛋、雁、斑海豹和海象。[10] 仲夏时节，海冰已经后退到群岛东北的远处，远离向西的墨西哥湾暖流。北极熊往往会追随海豹，因此也会追随冰之所在——所以如果你夏天在斯瓦尔巴群岛西部看到一只熊，就应该知道它可能饿了，正在向东寻找零食。接下来你脑子里会接二连三不断跳出这些想法：它看到我了吗？我应该给步枪上膛吗？我离安全距离还有多远？我们在小屋周围部署了绊线，作为针对熊的预警系统——如果有东西直接穿过它们，就会引发一系列剧烈的爆炸。但有一个问题是这些电线几乎是看不见的。我已经数不清自己有多少次直接穿过它们，被头顶上震耳欲聋的砰砰声吓得当场僵住，紧接着我的同伴们就来了，带着准备好的步枪。"对不起！对不起，对不起！"我抱歉地喊着，因为他们脸上流露出既宽慰又恼怒的神情。

一天清晨，我正在愉快地煮麦片粥，其他人要么在小屋里，要么没地方了在外面的帐篷里睡觉。突然，一声巨响划破了寂静的晨空，在陡峭的峡湾壁周回荡，紧接着又是另一声巨响。第一声是由绊线引起的，第二声是我们的两支德国毛瑟.308步枪中的一支射出的（枪杆上诡异地刻着1945年的字样）。一只成年母熊拖着一只幼崽误入营地。我们的野外助理戴夫·加伯特（Dave Garbett）听到帐篷外有打斗声，睡眼惺忪地半拉开帐篷的拉链，看到母熊正蹒跚朝他走来。他抓起步枪，在骚动中扯破帐篷的帆布，向熊的头顶开火以示警告。我正好看到了这一幕，颤抖的手紧紧攥着木勺，目瞪口呆地看着那对受惊的熊笨拙地冲过营地，最后向峡湾跑去。

后来，我到芬斯特瓦尔德冰川时，倒是不怎么担心熊了，我主要担心的是：冰川床上存在水，它能否支持生命生存？阳光维持着当今地球上的大多数生命的生存，通过光合作用，植物利用太阳能将二氧化碳与水结合并制造有机分子——最初是葡萄糖，但最终也会成为蛋白质和脂肪。作为人类，我们消耗的营养物质最终都来自于植物——我们吃植物，我们吃牛和其他吃植物的动物，等等。这一切都回到了植物，因此也回到了太阳。

但在冰川之下，没有光，只有碎石和（我们现在知道的）水——那么生命要如何在这个深邃、黑暗的地下世界中生存呢？这个问题将我带回到黄铁矿（愚人金）中的铁和硫中——这两种元素几乎从几十亿年前的一开始就存在于地球之上。科学家们认为，在古代地球上有一种被称为"化能生物"的微生物繁衍生息，它可以利用化学能而不是光能。地球上的许多化学反应都会释放能量，一些微生物已经找到了利用这些能量的方法；例如，当黄铁矿与氧气发生反应时，可能是在冰川底部，岩石中的硫会通过"氧化反应"转化为硫酸盐，从而产生微生物可以利用的能量，让它们生存和生长。从本质上讲，微生物是在吃岩石。

我还有一件事情急切想知道，芬斯特瓦尔德冰川底端喷出的上升流中的硫酸根离子到底有多重。这可能有助于解释微生物是如何生存的——听起来可能是个很怪的问题，但某些元素的原子，如硫和氧（这两者组成了硫酸根离子 SO_4^{2-}）可以有不同的重量。在地球上有两种主要的氧原子：一种重，一种轻。这被称为"同位素"，来源于希腊词 isos（"同"）和 topos（"位置"）；它们的质量不同，但是属于同一种元素，因此它们在元素周期表上占据相同的位置。

冰川冰的水中的氧原子通常比较轻。这反映出了水分子在作为降雪最终落到冰川之前的旅途。如果你想象一下，大海中的水里有很多轻的和一些重的水分子，那当水蒸发的时候，较轻的分子就更容易离开大海进入空气。充满水分的空气飘到山峰和极地，更轻的分子就更容易落到冰川高处——较重的分子也更容易在靠近海洋源头的地方以降雨和降雪的形式损失掉。另一方面，我们大气层中的气态的氧气是比较重的——主要是因为植物和动物利用空气中的氧气来氧化有机碳生成能量时，它们偏好使用空气中较轻的氧气，将较重的氧气留下。陆地和海洋中的植物会稍微弥补一点点，因为它们消耗水（相对较轻）并将其中一些氧原子返还到大气中。在阿罗拉冰川，科学家已经报告过冰川径流里的硫酸根离子的氧原子比较轻，也就是说，黄铁矿里的硫不可能是利用大气中的氧变成硫酸根的。相反，它一定是通过较轻的冰川融水转变的。[11] 发生这种情况的唯一可能，就是通过一群机灵的微生物，使用某种形式的铁（有点像铁锈）来氧化硫化物。在这个过程中，它们会利用化学反应释放出的化学能，来吞吃融水中的二氧化碳，为细胞产生有机分子。像这样的细菌在早期地球上可能就已经出现过——而今天，在阿尔卑斯山脉上，可以在冰川底部发现它们生活的踪迹。

我拿芬斯特瓦尔德冰川上升流的水做了一些测试，看看情况是否一样。相反，这里的硫酸根离子既有重氧也有重硫（硫也一样有轻和重的原子）。[12] 这很奇怪，只有当另一种微生物——硫酸盐还原细菌——利用硫酸盐氧化有机碳获得能量时，才会发生这种情况。这些微生物就是我们所说的异养生物（heterotroph），其名字来自希腊语的 hetero（其他）和 troph（滋养），因为它们必须依赖其他生物所生产的食物。它们在没有氧气的地方茁壮生长；你经常能在垃圾填埋场找到它们。硫酸盐还原细菌更喜欢消耗含有轻硫和轻氧的硫酸盐（它们将其转化为硫化氢气体——你也可以在垃圾填埋场里找到这种臭鸡蛋味），留下部分或全部含有重硫和重氧的硫酸盐。这些发现表明，芬斯特瓦尔德冰川上升流的融水，来自一个比阿罗拉冰川更缺氧的环境。它们还告诉我，有一些微生物正在这种环境条件下繁衍生息。

在斯瓦尔巴群岛，通过那些在小瓶子里装满的融水，我探明了很多东西。我发现北极冰川底部的水流以意想不到的爆炸性路径绕过了冰冻的冰川鼻。我还在这片水中发现了活跃生命的证据——已经适应了寒冷无氧环境的微生物，它们靠化学反应产生的能量为生。这是个崭新的启示，表明在加拿大北部、斯堪的纳维亚半岛、格陵兰岛和俄罗斯北极地区的数百万平方公里的冰川上产生的融水，并不只是直接从冰上流下来，而是会一路扎到深处，为极地冰层在冰川床上的滑动提供润滑。这也解释了冰川如何移动，如何研磨着它们的岩石基底，为巨大的冰川河提供肥沃的沉积物。这也意味着以前被认为基本上是死的冰川下方的大片区域，实际上非常有活力。我们不能再将冰川视为冰冻、贫瘠的荒地，它们与森林和海洋一样，都是地球生物圈的一部分。

我在斯瓦尔巴群岛的旅程于 2000 年结束，但对我来说，这个错落参差的群岛将永远是一块神奇的土地，它有着博采众长的冰川组合，从突然停在陆地上的冰川到神秘潜入海洋的冰川，还有着丰富的、戏剧性的野生动物阵容——北极熊自在漫步，白鲸在峡湾游泳在浅滩蜕皮，北极狐鬼鬼祟祟溜进营地寻找食物，北极燕鸥俯冲恐吓那些胆敢穿过它们领地的人。这个地方将永远留在我的心里，就像河床里的一块巨石。我经常怀疑，如果我现在回去，它是否会还会如我记忆中一样生动鲜活。

我还没有看到气候变暖给斯瓦尔巴群岛海岸带来的变化，但我知道变化正在发生。在过去的二十年里，北极的变暖速度是世界其他地区的两倍多。[13] 这种极地超温的原因很复杂，涉及"正反馈"——换句话说，气候变暖带来的变化导致变暖加剧。例如，北极变暖一直受到其中央海洋盆地（即北冰洋）的海冰退缩的影响。海冰就像北极的空调，白色表面能将大部分太阳光线反射回太空。由于温暖的空气可以容纳更多的水蒸气，而这些水蒸气很容易由现在愈发开阔的海域提供，这些额外的水蒸气的温室效应也就加剧了北极变暖。

如今，想要穿越冰冻峡湾来一场雪地车之旅，无疑将比 20 世纪 90 年代要更具挑战性。伊斯峡湾是朗伊尔城附近的主要峡湾，因其高冰盖而得名，但十年来它一直没有完全冻结。这是由于来自大西洋的温暖咸水的影响，西斯匹次卑尔根洋流运送了这些暖水，如今更是沿着斯瓦尔巴群岛海岸侵入更靠近地表的地方。[14] 这种温暖的海水为生活在地表海洋中的植物和生物带来了营养物质和食物，然后这些植物和生物又能为鱼类和贝类等更大的海洋生物提供食物。这可能有助于在未来几十年内，让斯瓦尔巴群岛北部的鲭鱼、鳕鱼、黑线鳕和毛鳞鱼种群更为壮大。[15] 但它同时也导致了冬季海冰自 20 世纪 70 年代后期 [16] 以来每十年缩小 10%，峡湾的冰也随之缩减，[17]而这两处都是北极熊的主要狩猎场。

斯瓦尔巴群岛的许多冰川也敏锐地感受到了这些温暖海水的入侵，它们的冰川舌漂浮在海洋上，在温暖的海水中融化得更快；甚至自 20 世纪 90 年代以来，内陆的芬斯特瓦尔德冰川也已经后退了整整一公里——毫无疑问反映出气温升高了。斯瓦尔巴群岛上的一些较小的冰川现在变得非常非常薄，不再具有冷温复合性，被冻结在自己的冰川床上，无法滑动；更讽刺的是，气温变暖却导致它们变冷。我经常问自己，我会不会回到斯瓦尔巴群岛，去研究这些剧烈的变化，即使它可能会破坏我珍贵的回忆？答案是肯定的，我相信终有一天我将回去。

不过现在，我很高兴以一种完全不同的方式回忆起在斯瓦尔巴群岛的狂野时光。在那里冒险的几年后，当我 40 岁时，决定自己需要学习一些新东西，于是我把登山靴换成了一种四条腿的挑战。我之前从来没有花时间和马相处过，总是喜欢在没有同伴的情况下，在地球的偏远边缘漫游。我花了几个月的时间学习，平地骑马才算毕了业，然后才去郊外开始学障碍跳跃和纵马奔腾。然后，我爱上了一匹美丽的黑马，一匹叫"门童"的母马。她很聪明，很有天赋，不会容忍任何废话——这些都是我所尊重的，尤其是后者，我很希望自己能在这方面做得更好。当她没有心情接受控制和进行盛装舞步时，她经常会把我甩到地上——我有点理解她的厌恶。在其他时候，她会疯狂地完成三英尺*高的跳跃——不止一

---

* 1 英尺 =0.3048 米。

次摔断我的骨头。没有人愿意骑她，所以她成了我的。

在一个令人难过的日子里，她瘸了，我们不能再一同冒险了。后来她做了手术，算是部分恢复了，但我们以前基于对自由的追求的友谊未能延续，我们从此开始了各自不同的旅程。2018 年 4 月，她生了一个儿子，一匹令人惊叹的红棕小马，额头上有一颗白色的星星，就像在暗色的岩石环绕中一堆正在融化的积雪一样。他的名字是芬斯特瓦尔德，简称"芬"。

第二部分

冲向两极

第三章 深度循环

格陵兰

头顶上方直升机的螺旋桨越转越快，转成模糊一片。我赶紧抓过悬在头顶的耳机戴上，及时切断了耳朵里的金属轰鸣声。直升机晃动着沉重的躯体，笨拙地将脚一只一只抬离地面，浮在一片旋转的沙尘之上。下降气流粗暴地冲刷着月球表面一般荒芜的莱弗里特冰川（Leverett Glacier）冰外平原。这条大型的陆地终止冰川位于格陵兰西南部。飞行员用力拉动操纵杆，加速向前，直升机略显浮夸地倾斜着，划出一道大大的弧线，把我们送向天空。我觉得自己在精神上离开了地球，就笑了。现在终于可以松一口气啦，不用再为旅行前的各种琐事烦心：装备仪器已经小心翼翼地收在了机舱里，随时可能飞起来的轻薄易损的物件也牢牢固定在地板上了，此时此刻，飞行员也不再会在旁边蹑来蹑去，摸着他的大胡子，抱怨说我们超重了。启程飞向蓝天，是在格陵兰工作的高光时刻，我陶醉于这种自由的感觉。

乘坐嗡嗡作响的直升机四处游荡，乘坐四驱越野车在坑坑洼洼的土路上穿梭，乘坐橡皮艇穿过汹涌的河流——这场探险的一切看起来都很了不得。的确，格陵兰给人的第一感觉，就是广袤无垠。格陵兰面积与墨西哥国土面积相当，为厚厚的移动冰川所覆盖。冰穹中央处厚达数千米。我第一次到格陵兰，觉得外形柔和的冰雪山丘非常眼熟，和凯恩戈姆山的山丘如出一辙。然而一转头，旁边就是冰盖（ice sheet）——目之所及全是闪闪发光的白色一片，平得令人发指。我意识到，两万年前，不列颠冰盖覆盖着大部分英伦三岛的时候，苏格兰看上去应该也就是这个样子。在当地因纽特人的语言中，这片广阔的地区叫作"*sermersuaq*"，意思是"大冰"。[1]

为什么这个冰雪覆盖的岛屿会被命名成"绿色"*而不是白色？这个故事要追溯到诺斯人（Norseman）那里。这个民族曾经占据格陵兰西部和南部部分地区。埃里克·瑟瓦尔德森（Erik Thorvaldsen，常被人称作"红发埃里克"），早期诺斯人殖民者之一，在公元985年左右，带着一队维京长船，从冰岛来到格陵兰岛南端的埃里克斯峡湾（Eiriksfjord，现在叫图努利亚尔菲克峡湾Tunulliarfik Fjord）。他们被称为维京人，这个名字来自古诺斯语*víkingr*，意思是"去掠夺"。当然了，不是所有的诺斯人都是掠夺者，这个名字也肯定不是他们对自己的称呼。[2]埃里克的父亲是挪威的一位部族首领，他俩因为部族斗争而不得不越海逃亡。这个时期，很多挪威人大多由于同样的原因扩散到冰岛、法罗群岛、设得兰群岛、奥克尼群岛和赫布里底群岛。[3]埃里克把他们的新家园命名作"绿色的土地"，是因为峡湾的边上有一片颇为诱人的绿色

---

* 格陵兰在英语中的字面意义是"绿色的土地"。

土地，那里植被繁茂，适合耕种。埃里克想为这地方树立起一个受欢迎的形象，这样后续才会有人跟随他的脚步而来。[4]

我一开始就发现了格陵兰冰盖的尺度有多么令人生畏——里面蕴含了大量让人无法回答的大问题，但正是这种挑战吸引了我。我2008年来到格陵兰，之前是一段科研资金枯竭的年份，接连几次我都未能获得资助，没法继续在斯瓦尔巴群岛的研究。科研委员会的资助者已经不觉得山谷冰川的研究是前沿了；相反，冰川学家们开始着迷于含有地球三分之二淡水的巨大冰盖了。

对不列颠群岛来说，格陵兰岛这个大冰块特别重要，因为它在冬季给不列颠群岛送来北极的疾风，并同生发于格陵兰海域、经法罗群岛与设得兰群岛一路向南、直抵大西洋的深层寒凉洋流相关联。这股洋流是大西洋经向翻转环流（AMOC）的重要组成部分。整个翻转环流像传送带一样，将暖水送到寒冷的北方，将冷水送到温暖的南方，起到一个热交换器的作用。这个体系中的北向洋流、墨西哥湾暖流和北大西洋暖流，是让不列颠群岛气候保持温润的原因之一——如果没有这些洋流，不列颠群岛的温度至少会降低9摄氏度。[5]因此，英国的未来与格陵兰及其冰盖的命运紧紧相连。

技术上来讲，一个冰体的面积必须大于5万平方公里，还得覆盖在山脉之上，才能称作"冰盖"——而不是叫作冰帽（ice cap）或冰川。我们的星球上目前只有两个冰盖，一个是北半球的格陵兰冰盖，一个是南半球的南极冰盖（由相邻的东南极冰盖和西南极冰盖组成）。南极冰盖的面积接近1400万平方公里，大约是格陵兰冰盖面积的七倍。当然，这只是目前的情况。在地球气候更冷的时期，例如两万年前，末次冰期最冷的时候，地球上还有其他几个冰盖，包括覆盖北美洲的劳伦泰德（Laurentide）冰盖、覆盖欧洲的欧亚冰盖，最大的是覆盖斯堪的纳维亚的芬诺斯堪迪亚（Fennoscandian）冰盖。即便是英国，也曾有过自己的冰盖：大约在250万年前，上新世暖期后，气候逐渐转冷，冰盖由此形成，[6]而随着温度的持续下降，这个冰盖也就和隔壁的芬诺斯堪迪亚冰盖融合了。在这些寒冷的时期里，英国的气候应该有点像今天的低北极地区——譬如格陵兰南部，那里有猛犸象和披毛犀在冰层外的苔原上游荡。

大约两万年前，地球围绕太阳旋转的轨道发生了微小的变化，地球表面接受到的热量变多，气候开始转暖，末次冰期的极大期过去了。这种微小的热量变化，通过一系列事件被放大了：沼泽和湿地在冰盖退缩后多了起来，而这些环境会释放大量的温室气体，促进气温进一步上升。另外，冰雪的减少会让地球表面的反射率降低，从而吸收更多的热量。劳伦泰德冰盖和欧亚冰盖消失了，格陵兰冰盖和南极冰盖也变小了很多。这些消失的冰盖一度覆盖了地球表面陆地面积的三分之一（相比之下，今天的冰盖只覆盖了十分之一）。冰盖融水汇入海洋，在一万年的时间里，让海平面上升了120米，大部分上升发生在大约16500年前到8200年前之间。[7]海平面的上升速度大约是平均一个世纪一米——和我们预测的21世纪海平面上升的最坏情况其实也相差不远，我们预测的是略低于一米。[8]

令人费解的是，地球上不同位置的海平面变化不尽相同。比如，英国北部一度是冰盖最厚的地方，随着冰雪的消融，压力的释放让整个陆地开始反弹。（就像你在一块海绵上按下一个压痕，一旦移开的手指，海绵就会回弹起来——这就是发生在苏格兰的情况。）英国南部的情况则相反，一方面它底层的地幔移动，去填补冰盖曾覆盖处"弹起"留下的空洞，进而导致地表下降；一方面越来越多融冰进入了大西洋，增加了额外的压力，亦导致陆地表面相对海洋下降。大不列颠岛看起来就像一个跷跷板：苏格兰上升，英格兰南部下降。事实上，这种情况持续了两万年，每年都有几毫米的变化。这就意味着，冰川融化导致海平面上升带来的影响，会在英国南部更加明显。[9]

格陵兰冰盖本身是一个由冰雪形成的巨穹，大概是在 200 万到 300 万年前长成了这样庞大的样子。它是数以百计冰川的源头。这些冰川像白色手指一般从冰盖的周围伸出，凿出深槽，将冰送向海洋。这些冰冷的手指被称作"溢出冰川（outlet glaciers）"——有一些在陆地上突然中断，为狂野湍急的河流提供融化的雪水；另外的一些则直接把冰舌伸进海里，将山体"崩解"为峡湾。在20 世纪 90 年代初，人们对格陵兰冰盖的运作情况只有一个模糊的认知，因为它如此巨大，想在冰川山谷上进行完美的实验几乎断无可能。首先你就不可能从格林兰冰盖的边缘走到中间——这需要一个月的时间，而且中途需要穿越一些相当致命的地形。这就意味着，没有人真正知道如何去测量它，它会如何影响冰的流动，或者冰盖融化的速度到底有多快。像斯瓦尔巴的芬斯特瓦尔德冰川一样，格陵兰的溢出冰川绝大多数也是冷温复合型的——最外一层又冷又硬，但核心部分的冰却相对更暖一些，也更软一些。唯一的区别是这里的冰层厚达数公里，面积相当于一整个国家——因此，如果这里发生了什么，影响将波及整个世界。

过去的 20 年里，北极地区的空气变暖速度是地球其他部分地区的两倍以上，北冰洋的变暖趋势也是一样。[10] 这样的气候变化对格陵兰冰盖来说可不是什么好兆头，毕竟锁住的水足以让海平面上升七米。巨型冰盖的"健康"仰赖于足够的降雪来平衡融化带来的损失，这些损失包括表面融化、崩解为冰山和伸入海中的冰舌在海水中融化——其中表面融化与崩解为冰山各占冰盖重量损失的一半左右。格陵兰面临的问题是，虽然降雪量变化不大，但是空气和海洋变暖，让冰盖表面和冰舌的融化速度都大大加快了。随着气候变化，自 20 世纪 80 年代以来，格陵兰冰盖的夏季融化量一直在上升，而在过去十年里，我们观测到了三个融化量的极大值，分别在 2010 年、2012 年和 2019 年。[11]

由于海洋变暖，近些年来格林兰入海冰川的退缩趋势令人担忧。[12] 海水使得冰舌融化，入海冰川沿着峡湾向内陆收缩，内陆的冰块储备随之更快地向外"流动"，以取代流失的冰山和前端的融水。[13] 随着入海冰川的变薄，它的表面会变得更低，也就更容易在温暖的空气中融化——这种恶性循环被（有点讽刺地）叫作正反馈效应。数据说出来可能有点吓人，从上个世纪末开始，格陵兰的入海冰川平均每年后退的距离长达一百多米。[14]

人们已经开始在遥远的地方感受到了它的影响。格陵兰冰盖融化现在是全球海平面上升的最大原因，超过了南极冰盖和一众小型的山地冰川，而后者一度主导着海平面的变化。[15] 虽然格陵兰冰盖的缩小现在每年只会让海平面上升差不多 0.77 毫米，[16] 但正在加速，而且我们也不知道何时会停止。

2019 年 8 月 1 日，格陵兰在一天之内流失的冰比以往任何时候都多——大约 125 亿吨融水流入大海，做一个不恰当的类比，这些水大致可以把一个大伦敦大小的游泳池灌满，而且池子足足有 8 米深。[17] 随着格陵兰冰盖的融化，它附近的海洋变淡了，这些淡水可能会影响大西洋经向翻转环流，阻碍它行使热交换器的功能，减缓极地与较低纬度温暖地带间的热量流动。环流推动横跨大西洋的洋流，来实现热交换：格陵兰岛两侧的北欧海和拉布拉多海将表层海水冷却，直至结成海冰；海冰不容易将盐类纳入其晶体结构，因此矿物质们被排出去，留在尚未结冰的海水中，使海水变得更咸、密度更大；这些寒冷的咸水沉向海底，沿着海床向南推进；与这种向南的深层流动相对的，是强风驱动的向北移动的温暖表层洋流，从墨西哥湾暖流到北大西洋洋流。南下的寒流和北上的暖流共同组成了一个如传送带一般的对流结构——如果改变其中一部分，整个环流就会发生变化。海冰减少，加上来自格陵兰融雪的淡水，会破坏高密度咸水在北极海域的下沉，进而削弱整个环流，导致欧洲的气候更多雨、更寒冷。[18] 科学家认为，大西洋经向翻转环流不太可能会完全崩溃，毕竟地球经历过大消融期，当时所有冰盖都融化消失——当然，这里面还有太多的不确定性。

2008 年，我和一个小团队抵达格陵兰，我们只有一个任务：

想知道每年夏季冰盖表面的大量融水是否会进入冰盖内部并存在那里，以及它是否会让冰盖"脚底抹油"。如果真的是这样的话，那么气候变暖会让冰加速涌入海洋，进而影响海平面、洋流和海洋生物。我给了自己一个巨大的挑战——在格陵兰，我第一眼看到的莱弗里特冰川，比斯瓦尔巴的芬斯特瓦尔德冰川大十倍，尽管它只是巨大冰盖的一个小碎片。研究从倾倒15公斤重的亮粉色罗丹明染料开始，我们要把染料倒进深入莱弗里特冰川的一个大冰臼中——这就是我们一开始坐直升机的目的。至于如何实现这一壮举，我与我在阿罗拉时代就开始合作的老朋友彼得·尼诺夫聊了好几次。总的原则是，如果有一条明确的通道将冰臼与冰盖的前沿连通起来的话，那么染料终会出现在主要的冰川河流中——用罗丹明的好处是，我们可以用荧光仪在水中测出极微量的存在，即便水已经被稀释到看不出粉色了。

于是，我蜷缩在一架微型直升机的后座，盯着凹凸起伏的冰面，那里布满了绿松石色的蜿蜒的融雪溪流和平坦如镜的池塘和湖泊。我在努力寻找一个巨大的冰臼，它大概位于距冰盖边缘15公里的内陆，我能够依赖的只有全球定位系统（GPS）和自己的双眼——这绝对没有听起来那么容易。首先，在冰盖上飞行就不是一件令人安心的事情，这里所有的东西看起来都差不多——白色、绿松石色、黑色和灰色拼贴在一起，似乎可以延伸到无限远。那天的天气也很凉，只有零上几度，不过在太阳强光照射的地方，倒也足够让冰晶融化，创造出一个允许生命维持的环境。即便在午夜，格陵兰的太阳也不会休息，24小时的阳光加上冰面的高反射让阳光显得格外无情。我们支着崭新的帐篷开始了野外勘测，帐篷是亮橙色的，与冰川地带单调的灰白色形成了鲜明对比；但才过了仅仅三个月，就在阳光的作用下褪成了苍白色，顺利地融入了环境（不像我的脸，没几天就晒成了古铜色）。

冰层并不像人们想象中的那么寸草不生。充足的阳光和水让格陵兰冰盖的表面成了不错的栖息地，适合藻类等微生物生长。它们形成垫状群落附着在冰雪表面，并随着融雪季节的到来而长大。随着它们的蔓延生长，雪白的冰面上会出现深色的区域。[19] 这些藻类的细胞内有棕色或深紫色的色素，用来防晒，使其免受阳光里紫外线的伤害。这对藻类当然是有用的。但对冰盖来说是个坏消息，因为和雪白的冰面相比，覆盖有深色藻类的冰面会吸收更多的阳光，因此也融化得更快。[20] 这是"正反馈"的又一实例：冰面上的融水更多，促进藻类的生长，导致冰面变黑，吸收更多的太阳光，引起更多的冰面融化。

我们花了不少时间来寻找这个难觅踪影的冰白。最终，我从直升机上看到了一条巨大的海蓝色冰川河，像一条蜿蜒的巨蟒，水面清澈，水底深色的冰隙和裂缝一览无余——景致迷人。它从哪里来？要到哪里去？我们顺流而下，直升机沿着河流的盘曲前行，活像是詹姆斯·邦德电影里四处躲藏的逃犯，直到河水突然消失。直升机在上空盘旋，我从覆满雾气的窗户望出去，见到了我见过的最大的洞，一个像山洞岩窟一般的空穴，毫不费力地把河里漂浮着的冰晶吞进蓝色的漩涡，像水槽底的排水口似的。这个应该够用了，我想。

如何将三罐装在笨重容器里的染料倒进一个几十米深的冰洞里，这是个问题。在阿罗拉要简单得多——只需要倒几百克的染料，冰臼也相对小很多。直升机降落后，我还能大步走到悬崖边，但当我开始凝视这个巨大洞口的时候，不由得感到一阵眩晕。嗯……这看起来并不容易，我告诉自己。碰到这种情况，可能最明智的做法是去找一个更好操作的冰臼，但是，不，我好不容易一路带着15公斤的染料最后才找到了这里，我一定要一次搞定。所以，我把一根冰螺栓钉进了一块看上去很结实的冰里，对着我强壮的捷克科研助理喊："马雷克，如果我用这跟绳子绑好自己，你能把绳子另一头缠在身上，把我放下去吗？这样我就可以直接把颜料倒进水里。"然后，我们就这么干了。

　　没到两个小时，我们部署在冰锋的同事就通过卫星电话联系了我们，染料在下游以单次极速爆发的形式出现了——这表明在一千米厚的冰盖下，必定有快速流动的大型冰下河，向冰川前端输送大量的冰川融水。在接下来的研究季里，我们在很多不同的冰臼里重复了实验，位置逐渐从冰盖的边缘向内陆移动，用到了一些更灵敏的传感器，来看冰川边缘60公里之外的冰臼下面是个什么情况。在我们之前，还没有人设法追踪冰盖下的水流，做一个先驱者的感觉有点不可思议。

　　这项让肾上腺素爆发的工作可能会带来巨大快感，但在偏远的野外营地连续工作数月之久也是一个巨大的挑战。在格陵兰冰盖的边缘建立一个偏远的野外营地可比想象中困难。首先我们需要花几个月的时间来包装重达几吨的科研器材；然后开着面包车疯狂地赶往丹麦，以免错失格陵兰货船上宝贵的位置；接着是漫长的等待，直到船只航行到格陵兰的中心城镇——康克鲁斯瓦格（Kangerlussuaq），而当我们发现设备还会晚到一两周的时候，等待就更让人沮丧了；接下来的艰巨任务则是重新包装，让行李可以挂在直升机的吊索上（所谓吊索，基本上就是一张大网）。直升机的租赁费用非常高昂，最小的直升机每小时都要花费2000英镑——因此我们只在安置、拆除营地，或者长驱直入冰盖腹地搜寻冰臼时用到它。如果幸运的话，康克鲁斯瓦格的机场里就停着一架直升机，那么我们距离莱弗里特冰川只有20公里的路程；如果不走运的话，直升机就不得不从一个半小时路程之外的锡西米尤特（Sissimuit）赶过来，这样我们的账单会暴涨至6000英镑；此外，如果遇上了风暴，直升机不得不返航，第二天再重试一遍的话，那这笔费用就会令我们恐慌了。

我们的微型营地由小帐篷和一些大帐篷组成，它们各自充满了生趣，小帐篷用于睡觉，两个稍大的帐篷用来做实验室，还有一个更大、更乱的帐篷则用于做饭、闲逛和偶尔聚会的场所。当我们选择在这里驻扎的时候，我们不得不采用更加经济的方法来这里——这少不了让人毛骨悚然的时刻。旅程的第一部分包括在颠簸的土路或者流沙上骑行20公里，通常还要驼着15公斤的背包，这是段相当漫长的路，走完它就够让人腿疼的了。接下来，我们会把自行车藏在一块巨石的后面，然后开始我们的渡河行动。为了抵达莱弗里特冰川的边缘，我们必须穿过一条来自隔壁冰川的河流，河面水流湍急，其上还泛着泡沫。我们在河水相对"平静"的地方修建了一个拖拽系统，让我们可以将固定在上面的橡皮艇拖过50米宽的河道。你需要做的只是爬上橡皮艇稳住自己，然后就可以等河对面的四个人将你拖过去了，不过当皮艇在河流中心的波涛中颠簸时，你除了紧张兮兮地抓牢船舷之外，什么也做不了。最后一程是在莱弗里特冰川广阔的漫滩上步行90分钟，这是一段布满了流沙和砾石的险途，走完了这一段才能手脚并用地翻过一座岩石山，抵达最后的目的地"饥荒营"，因这里的荒凉和偏远而得名——这也就意味着我们在融化季节的后半段经常就没有啥好吃的了。["饥荒营"这个词是由马丁·特兰特（Martyn Tranter）创造的，现在他在隔壁的冰川上经营一个叫作"天堂营"的科考营地，那里距离文明就近很多了。]

人们经常问我，带领科考团队去偏远的地方是什么样的体验，作为一名女性，你是如何做到的？我的回答总是，对我来说这是世界上最正常不过的事情。野外是一个公平竞争的地方，无论你是学生还是教授你都必须参与进来。对我来说，最自然的领导方式永远是从最基本的开始。这意味着大家有的时候会看见你不堪的一面，比如说你拖着30公斤的背包艰难穿越苔原的时候，或者一夜未眠之后跌跌撞撞走出帐篷，连说一句"早上好"的力气都几乎没有。当然，作为一名领导者，你需要一个目标，以及一个实现目标的计划和让大家支持你的办法——对我来说，把目标分下去是最显而易见的办法。野外工作就是要团结起来，经受住风雨的考验，庆祝胜利的到来。在格陵兰，挑战是巨大的，所以带来的兴奋也是眩目的。气态示踪剂在追踪几千公里尺度的洋流时尚且灵敏，但用同样的设备来追踪冰盖内部几十公里的融水流动，有时候却会遇到问题。我们在北极的阳光下疯狂工作，与冰面上咆哮着的几乎从不间断的寒风做斗争，争取让我们的实验顺利进行下去。萨缪尔·贝克特怎么说的来着？"再试一次，再失败一次，比上次失败更好一些。"

在 2009 年底的一次注定要失败的科考旅行中，我和我的波兰科研助理格里格［Greg，好吧，全名格热戈日（Grzegorz），但让我们简称他格里格］在拉塞尔冰川（Russell Glacier，莱弗里特冰川隔壁的小邻居）脚下露营，我们住在一顶小帐篷里，却被连绵的秋雨生生击倒。每天我们都要在冰面上跋涉，扛着沉重的设备涉水趟过涨水的冰川河，我们几乎难以在水流中站稳——我们就这样处在危险的边缘：感觉自己还算安全，其实一点儿也不安全。就这样日复一日，我们要么浑身湿透，要么陷入泥潭，要么在砂石地上刨来刨去。在一次灾难性的意外中，我们损失了放在河岸边的大部分设备，当时冰川边的一个堰塞湖突然崩解，湖水裹挟着汽车那么大的冰块冲向下游。情况糟糕到甚至有点好笑。一瓶珍贵的野格利口酒（Jägermeister）在夜里提供了一些欢乐，在一些绝望的时候，白天也是如此。如今我已经没有办法再让自己咽下这种浓厚而辛辣的液体了，它会唤起我对污垢和失败的回忆。在那次旅行中，我们注入冰臼的气态示踪剂没有在冰川边缘的任何地方出现，令人挠头（甚至更糟）。

这让我们又花了一年时间才弄清楚如何让气体追踪法发挥作用。我们遇到的问题是示踪的气体太容易挥发了，以至于在试剂倒入冰臼的过程中，它们就直接扩散到了空气里。解决的办法？用150米长的水管把试剂输送到冰臼的水面以下，然后再用些力气把水管拉上来。（当我们购买水管的时候，五金店的收银员都不由地感叹："你家的花园一定很长。"）完成了这样一个任务后，我们的成功感爆棚，突然间一切都有了可能。我们派出了一队人，在距离冰川边缘40公里处的冰臼里投入了气态示踪剂，12小时后示踪剂在冰川前端释放了出来（大约相当于我们步行的速度），这表明融水一定是通过一条流速相当快的冰下暗河抵达下游的。[21]

然而当我们把示踪剂投入距离冰缘60公里的地方时，不一样的事情发生了。我们顶着哭号的风声蜷缩在河岸边的一个冰冷的帐篷里，帐门口湍急的河流就应该是莱弗里特冰川的出水口。每个小时，我们都会从帐篷里出来，跌跌撞撞地在河里取一点点水样，这样，我们就可以随后在野外实验室里进行分析，检查每个样品里面是否有气体示踪剂的存在。夜晚到来，我们开始轮班工作，而当示踪剂终于出现的时候，我们都快准备放弃了——这段60公里的路程花了80多个小时。[22] 很明显，在进入冰川底端的"快速通道"之前，冰川融水的旅程一定包括了一些曲折的道路。这表明，在更远的内陆地区，冰层更厚，通过冰臼进入冰川深层的融水更少，在冰川流动的压力下很难形成供流水通过的管道。在这里，水必须以更缓慢的方式流动，或是渗入柔软的沉积物，或是在交互联通的孔穴中慢慢编织它前行的路线。

这样的发现，就像是我们第一次用一束光照亮了冰盖的底部。我们享受了四个夏天的惊人发现，每个夏天我们都会住在冰缘的营地里，并从冰盖的边缘一步步向内陆推进，先是步行，然后是坐直升机。这是我三十五六岁时候的故事，一段努力伴随庆祝的令人振奋的时期，那时候我对生活有一种真正的热情。格陵兰岛上不多的聚会总是狂野的，在午夜的阳光下整晚进行。营地的偏远意味着我们大部分时间没有酒，但每当有新人到来的时候他们总会带来新的供给，这当然会是我们庆祝的理由——而且实验室里总是会有浓度 96% 的研究级乙醇的，格里格发现将这种乙醇和桃子罐头或者柠檬汁混合起来，效果出奇地好。我们会整晚用咔咔作响的小音箱播放震耳欲聋的音乐，在灰色的沙滩上跳舞。有一次我们自己演奏了齐柏林飞艇乐队（Led Zeppelin）的《天堂阶梯》（*Stairway to Heaven*）：马雷克演奏空气吉他，格里格用汽油桶演奏鼓，一名来自明尼苏达州的长发学生演奏他珍贵的泛音管，而我的乐器是"迪吉里杜管（didgeridoo）"——一根用于在河里安装设备的十米长的塑料管。这些聚会中间穿插着探索研究的日子：寻找冰臼，往里注入染料或者气体，然后在冰川的边缘等待示踪剂的出现。我每晚的睡眠时间从未超过四个小时，但那种肾上腺素爆表的痴迷支撑着我完成了这第一次格陵兰冰盖排水系统的测量。

随着一个个新的发现，有新闻价值的学术论文越来越多，而我开始考虑自己是否有评教授的可能，虽然这从来都不是我的目标。说实话，我进入学术界的时候其实完全没有什么计划，而且当我看向上一代的教授的时候，也没有什么认同感。冰川学从来都是一个充满了男人味的研究领域，有资历的女性学者非常少，但是随着基金和论文越来越多，我开始觉得这也许是有可能的。当我看到同龄的男性成功拿到教授教职的时候，我开始考虑我为什么不？一旦意识到这个看上去高高在上的头衔其实我也能够到，我便更加努力地推动自己去实现这个目标。我尝试了两次。第一次让人沮丧，评审小组认为我"没有足够的《自然》或《科学》论文，论文的被引用次数也不够"——《自然》和《科学》是顶级学术期刊，科学家们争先恐后地在那里发表他们最为轰动（常常也有争议）的新发现。第二年我又提交了申请，这次我没有做太多的期待，结果却出乎意料，我被评为教授了。

格陵兰的研究是令人兴奋的，因为此前我们的认知中存在着许多巨大的空白。如果在冰盖下缘和冰盖岩床之间存在着明显的水的流动，能够润滑冰盖的底部，那么所有冰川学家们关心的首要问题当然是：更多的融水是否会导致格陵兰冰盖发生更大、更快的进入海洋的滑移？就在我试图追踪融水流向的同时，彼得·尼诺夫和他的团队一直忙于在莱弗里特冰川表面四处布设 GPS 装置，研究冰的流动，并由此得出结论：不，可能并不是这样。[23] 事实上，在 2012 年——冰川融化量当时创纪录的一年——冰川移动的距离并不比正常年份更大。

从本质上来说，终端位于陆地上的冰盖（而非海里的）有一种巧妙的自我调节的方法，防止"融化——流动——收缩"的末日循环。[24] 这种自我调节部分与冰盖底部的冰壁河道相关。就像在阿罗拉一样，夏季，随着更多的融水排入冰臼，这些冰下渠的冰壁便会融化，其内的水压也随之下降。水会从水压更高的地方自然地向水压更低的地方流动——这也是我们在城市里用高高的水塔来存水的原因——冰盖底部的低压通道，就像是水塔底部的水管一样，会把冰盖底部高压部分的水吸过来，那里的水正在互相连通的孔穴里或者是柔软的沉积物里缓慢流动。这会让冰川底部的水更快排出——但也会让冰盖的底部不再被水浸润，从而稳稳地待在岩床上。在2012年极端融化季过后的那个冬天，冰的流动量反而减少了——因为冰川底部的水已经被那些巨大的地下河道抽干了。事实上，其他检测格陵兰冰层下部融化区的科学家也发现，最近几十年来，尽管融化率上升了，但是冰川本身的移动反而变慢了。[25] 基本上可以这样说，只要冰盖不与海接触，它就可以自己照顾自己。

这些快速流动的冰下河流不只是帮助冰川调节其流动速度，还将大量的融水注入格陵兰周围的海洋，其中悬浮着亿万颗被称为"冰川岩粉"的微小颗粒——它们是冰川移动粉碎其下岩床时产生的。夏季冰盖下流出的水就像是泡沫状的棕色牛奶，如果你测量水中冰川岩粉的数量，你就不难算出，每年大约有半厘米左右的岩石从冰盖底部的岩床上被剥离下来。[26]

冰川底部排出岩粉的发现把我们引入了一个惊人的新领域，让我们得以研究格陵兰岛的峡湾以及周围广阔的海域。土壤是地球的皮肤，孕育了植物，支撑着地表的生态系统。它们收集水分、提供养料，并创造一个柔软的环境，使得植物的根系能够钻入其中，从而支撑起地面上叶片乃至树冠。如果我们因为过度使用而破坏了我们的土壤，我们就破坏了给予我们星球生命的那一层。土壤基本上是来自岩石的物质与死亡植物的混合体，当然还有亿万微小的虫子生活在其中，努力分解这些死亡的物质。但是，土壤的基础材料是岩石，通过风化作用，换句话说，通过缓慢的物理层面与化学层面的攻击，这些岩石可能经过几十上百年的时间之后会被分解。岩石中含有构成细胞的营养元素；植物所需的一些营养物质，譬如磷和钾，几乎完全是由岩石分解所提供的。因此你可以认为冰盖是一个巨大的营养工厂，出产大量的冰川岩粉，而冰下河就是将这些肥沃的产品运送到海洋的传送带。接下来，这些粉末和它们蕴含的营养成分到达海洋之后，会发生什么？

就像自然界发生的大部分事情一样，这个问题的答案没有你想象得那么简单。冰川岩粉复杂的一点在于，虽然它含有营养物质，但糟糕的是它会将水弄得非常浑浊，连光线都无法穿过。浑浊的冰川融水从冰盖下涌出后，冲入了一个复杂的峡湾网中，河口网状的冲积扇我们可能更熟悉一些，而峡湾网就是把河水换成冰的变体。这些峡湾在过去的冰河期内被冰川凿得很深，而随着大冰盖的融化和海平面的上升，它们被无情淹没了。在格陵兰，冰川出口未达海洋的区段，主要集中在西南部和东北部，河水将它们夹带着的冰川岩粉一股脑地倒在了峡湾里。卫星照片直观地展示了这种情况：浑浊的棕色水域从陆地开始绵延开来——冰雪融化得越多，就有越大的浑浊水域。[27]

光是海洋中复杂食物网背后的驱动力，促进浮游植物（phytoplankton，来自希腊语的"植物"*phyton* 和"漂流"*planktos*）的生长。这些微小的植物利用太阳能来获取大气中的二氧化碳，并通过光合作用生长；然后它们可以作为稍大些的浮游动物的食物来源，再一步步成为"大鱼吃小鱼"的牺牲品，直到鱼、海豹、海象等，形成一个完整的食物链。我们可以说，浮游植物是海洋中的"食物制造者"，就像人类社会里的农作物一样。但在格陵兰陆端冰川的下游，浑浊的融水阻断了光线，抑制了这些微小植物的生长。较淡的冰川融水总是漂浮在峡湾的顶部，将盐分高、营养丰富的海水困在其下，浮游植物无法抵达的地方。结果就是渔民很难在这里捕到鱼，[28]冰川融水正在让峡湾陷入饥饿。

但是如果去格陵兰入海冰川相接的峡湾看看的话，就会发现情况完全不同。在那里，冰川修长的冰舌优雅地漂浮在海面上，在水更深的地方它们会变得不稳定，断裂产生巨大的冰山。有趣的是，冰川融水涌出冰下河流的出口时，会发现自己身处峡湾下几百米深的咸水里——这让入海冰川的出口有点像一个巨大的按摩浴缸。当你坐在按摩浴缸里的时候，热水从浴缸的两侧下部喷涌而出，将热量和气泡带到水面；而在格陵兰的"按摩浴缸"里，喷射的是寒冷的冰川融水和稍温的深层海水的混合物。这些喷流在上升到海面的过程中会将入海冰川的前端融化；它们是最近这些入海冰川快速退缩的主要原因——海洋变暖和来自冰下河流的更多的融水加强了"按摩浴缸"的融冰作用。[29]然而，当这些暖流从深处上升时，也带来了浮游植物所渴望的营养物质——其中最主要的是氮。

浮游生物的生长和繁殖也需要"平衡饮食"。在所有的营养物质中，碳是排在首位的——它们可以从空气中的二氧化碳里获得——然后是氮、磷，接着是少量的微量元素，如铁、镁等。浮游植物可能会首先耗尽它们所需的营养物质中的一两种，栖息地不同，先耗尽的营养物质种类也不同。这种情况下，我们就会说浮游生物的生长受到了（它们用尽了的）某种营养物质的限制。如果同样的事发生在人类身上的话，大概就是到了某个阶段我们只能白米饭，那我们就会缺乏蛋白质。无论我们吃多少米饭，都不能帮助我们在体内合成蛋白质以增强肌肉——我们就会变得虚弱、营养不良。在格陵兰的峡湾里，浮游植物面临的最大问题是缺氮。沉入峡湾深处的海水倒是富含氮元素，[30] 但是盖满峡湾表层的新鲜冰川融水却可悲地充满了磷、硅和铁，氮几乎没有。

因此在入海冰川这里，通过"按摩浴缸效应"从深海输送上来的氮，滋养了峡湾表面的浮游植物，[31] 而那些吸收光线的冰川岩粉往往在到达水面之前就已经沉淀了。这些微小植物的繁荣沿着食物链一路延伸到了这里的鱼类，而这些鱼带来了格陵兰 90% 以上的出口收入。[32] 大比目鱼占据着该地区渔业产出的半壁江山，它们就经常潜伏在峡湾的入口处 [33]——研究发现冰川融水以"按摩浴缸式"入海，量越大，则渔获量越大，反之则越少。[34] 也就是说只要冰川继续在格陵兰的海上漂浮，大比目鱼就依然有可能出现在我们的菜单上。

冰川岩粉的故事我们还没有讲完。它的确对峡湾有着不利的影响，但在其他的地方它会有用吗？在格陵兰，答案是我们仍不确定。不过我们有一些线索，在洋流的作用下，这些微小的颗粒在洋流的作用下进入了格陵兰周边的海域里。[35] 在这些地方，它们不会遮挡光线，但它们仍然含有"可口"的营养物质——特别是硅、磷和相当多的微量元素铁。这些铁是由埋藏在冰川岩床上的黄铁矿

（愚人金）和其他含铁矿物释放出来的。[36]

出乎你的想象，太空中拍摄的照片能够监测地球上所有植物中所特有的色素——叶绿素，浮游植物中所含有的也不例外，它们改变了海洋的颜色。每逢仲夏，也就是冰盖融化最快的时候，格陵兰西部的拉布拉多海的绿色色素也会变得更加丰富。新鲜的冰川融水被洋流带到近海，似乎给浮游植物带来了营养，帮助它们生长。类似的现象在南极洲周围的南大洋（Southern Ocean）也可以观测到，在这里，浮游植物没有足够的铁，因为铁一般是由沙漠中吹来的沙尘所提供的，而南大洋距离撒哈拉沙漠或者类似的地方都非常遥远。而此时，从南极大陆漂流而来的冰山在其中缓缓融化，释放出埋藏在其中的冰川岩粉，铁于是被释放进了这片海域。这个过程刺激了浮游植物的生长，提高了叶绿素水平，改变了海的颜色。[37]简单来说，就是冰盖在给南北极附近的海域施肥。

然而在格陵兰，随着周围海洋的变暖，入海冰川正在迅速地退缩回陆地，这可能会对当地的鱼类和其他野生动物造成灾难性的影响，因为浮游植物——峡湾里的食物生产者——将被表面浑浊的海水扼杀。这种情况发生在格陵兰东北部的可能性比较小，因为那里的冰舌底部都深深地没入海面以下，当冰川退缩之后，海水很有可能只是会简单地涌入它留下的空间，而冰舌依然还漂浮在海面上——但在格陵兰的其他地方，之前说的那种情况是完全可能发生的。[38]随着入海冰川的"按摩浴缸"逐渐关闭，[39]浮游植物的深海氮元素供应被切断，峡湾的生产力可能会变得越来越低。

这些都将是巨大的变化，会影响那些依赖格陵兰周围海洋为生的人。因纽特人从加拿大北极地区、哈德逊湾和拉布拉多来到格陵兰西北部，[40] 现在居住在冰川边缘的小型社区里。[41] 长期以来，冰川和海冰都是他们的重要资源。在冬季，海冰为因纽特人提供了狩猎平台，并与来自入海冰川的冰山一起，为海豹和其他哺乳动物提供了重要的栖息场所。现在冰层正在变薄，存续时间也在缩短，问题来了：这对因纽特人将产生什么影响？

在漫长的历史中，因纽特人已经经历过一系列戏剧性的气候变化。然而他们的生计灵活机动，这让他们不仅具有适应变化的能力，而且还能在一定程度上预测变化的发生。[42] 极地因纽特人（Inughuit）社区大概有七百多人，居住在格陵兰偏远的西北部，主要集中在小镇卡纳克（Qaanaaq），他们也经常被称为图勒因纽特人（Thule Inuit），因为他们从加拿大迁徙而来时，最初在格陵兰的图勒地区定居。*他们的例子极好地解释了这一点。他们猎取海豹与独角鲸，生活与海洋的财富密不可分。在大约公元 13 世纪的时候，极地因纽特人来到了格陵兰西北部，那是在一个被叫作"中世纪温暖期（Medieval Warm Period）"的气候温和的年代，他们穿过了当时存在于加拿大北部与格陵兰之间的纤细陆桥，并由那里开始向格陵兰南部扩张。[43]

但到了 15 世纪，一个被称为小冰期（the Little Ice Age）的寒

---

* 原文存疑。现普遍认为图勒人是所有现代因纽特人的祖先，其文化从公元前 200 年延续到公元 1600 年，"图勒"命名自 1916 年该文化的考古学遗址"科默的贝丘"（Comer's Midden）所在地图勒（Thule），该地现名"卡纳克"。极地因纽特人（Inughuit）一般并不会被称作图勒因纽特人或者图勒人。

冷期逐渐掌控了格陵兰和世界其他地区。随着冰川的推进，更多的冰阻塞了交通，极地因纽特人与南方所有定居点的交流都被切断了。直到1818年，约翰·罗斯船长（Captain John Ross）为寻找西北航道来到这个地区，这些人才被"重新发现"。当船长在冰上遇到极地因纽特猎人的时候，他们"认为自己是宇宙中唯一的居民，而世界上所有其他的地方都不过是一团冰"。[44] 对于这些人来说，气候变化一直是他们生活中所需要面对的事实。

最近的气候变暖，让他们不得不面对完全相反的情况——海冰正在消失——而这次的情况会更加复杂，因为那里与全球的经济和政治利益联系了起来。从好的方面看，大比目鱼向北迁移，这会给他们带来新的收入来源，[45] 而石油、天然气和矿产资源的开发同时也被标榜为商业开发的"机会"。[46] 从坏的方面看，许多猎人不得不杀死他们的狗，因为缺乏海冰覆盖，使得穿越海冰所需的狗拉雪橇队再无用武之地。将来会发生什么尚未可知，但没有纷争是不可能的。

我在莱弗里特冰川营地的漫长白夜里也思考过这些问题，当然不止这些。那个营地是一群被太阳晒到发白的帐篷，像一群鲸一样卧在巨石冰碛组成的峰谷之间——那里曾被冰川覆盖，现在暴露了出来，只剩下成堆无序的砾石。那是我去过的灰尘最多、风最多的地方；松散的沙粒与粉土总是能找到办法钻进我的每件衣服、头发、鼻子、耳朵和更让人担心的地方。旅行包、帐篷这些装备，经过几年的使用，都会被这些可怕的小颗粒剐到伤痕累累。帐篷拉链的塑料槽很快就被这些细小的颗粒阻塞了，坏掉只是迟早的事情；而最有效的补救措施是在门的两侧缝上尼龙搭扣，虽然在厚厚的帆布上做针线活会花很长的时间。作为一个习惯性失眠患者，我在这些地方从来没有快速入睡过——24小时的夏日阳光、呼啸的风和咆哮的河流总是占据着我的脑海。我对格陵兰的野外工作是既期待又害怕，我渴望回到荒野执行一项重要的任务，但又很紧张，因为我讨厌连续的睡眠不足带来的空虚感。

当然，莱弗里特冰川野外的景致可以在一定程度上缓解我的疲惫感，在令人惊叹的冰崖背景下，有充满活力的河流、宁静的融水池以及成群的麝牛，这些麝牛会大胆地在河流浅滩中涉水，在我们的营地里徘徊。这些好奇的动物是在20世纪60年代从格陵兰北部引入西南部的，它们丝质的毛发像棕色的裙子一样垂在矮壮的身体周围，看起来又有一点点像美洲野牛。它们的长毛非常特殊——外层可以拒水隔湿，而内层则更加柔软，轻盈而保暖。[47]麝牛的毛、皮和肉一直为当地因纽特人所珍视，它们在格陵兰西部曾一度濒临灭绝，不得不从东部重新引进。麝牛最有趣的特征之一是它们的防御阵型，我看到过好几次，当受到狼或者人的威胁时，它们会围成一个防御圈，头朝外，气势汹汹地低下头亮出犄角。然而它们一旦开始奔跑——蹄子飞快地蹬着，推动着它们毛茸茸的笨重身体前进——我就会不由得觉得它们像巨大的豚鼠。看见它们总会让我心情愉快。麝牛也是我在格陵兰短暂放弃素食主义的原因——在二十年不吃肉之后。我被艰苦的体力工作搞得心力交瘁，有一天我在康克鲁斯瓦格机场吃了一个"麝牛汉堡"，然后忍不住再吃了一个，然后又吃了一个。（幸好，我现在又基本恢复到了过去的状态。)

我们营地外的高处有一座圆圆的小山，在更寒冷的年代里，它坚硬的岩石表面曾被冰盖打磨过。在山的一侧，长满青草的洼地中间，有一个小湖，冰川河在它的脚下奔向大海。与河流的野性相比，幽暗而光洁的湖面显得格外宁静。这是我逃避营地生活、试图理清头绪时常去的地方。夏天的时候，几乎总会有一对聒噪的雁不请自来，它们的叫声在山谷间回荡。在这个地方，我可以一直看到康克鲁斯瓦格的峡湾，来自莱弗里特冰川的河流与其他几条河流交汇在一起，混乱地散布在冰川平原（或称冰水沉积平原）上，在阳光下闪闪发光，像一束束银线。向一个方向看，所有的东西都是灰色与白色，向另外一个方向看，所有的东西都是绿色——这就是格陵兰，"绿色的土地"。

因纽特人存续至今，而格陵兰的诺斯人却早已消亡，是什么让他们的命运如此不同？他们都必须拥有坚韧的精神，才有可能在这片严苛的土地上立足，他们也必须有强烈的社群意识，来应对他们共同面临的挑战。诺斯人的消亡一直披着神秘的面纱——在格陵兰南部的两个主要定居点，他们的人口发展到了几千人的规模，但500年后整个社会就崩溃了，只在格陵兰最南部和西部留下了石屋与农庄的废墟。与因纽特人一样，他们也是在中世纪温暖期，也就是在公元900年到1400年之间，到达格陵兰的。然而在1350年至1450年间，随着小冰期的到来，格陵兰南部的气候变得更冷、暴风也变得更加频繁——1450年前后，诺斯人最终从这片土地上消失了。[48]这种时间上的一致性可能表明，面对恶劣的自然条件，诺斯人没有调整他们耕种方式的能力。（这与因纽特人不同，因为后者最大的财富来自海洋。）[49] 但是最新的证据表明，诺斯人其实适应得非常好，格陵兰周围海域的渔获是他们维持生计的重要手段之一，尤其是猎取海象，海象的獠牙[50] 作为广义 "象牙" 家族的一员，一直是中世纪欧洲奢侈品制造业的珍贵原料。[51] 事实上，从象牙艺术品中提取的 DNA 显示，在诺斯人活动的年代里，他们很有可能完全垄断了欧洲的海象牙贸易。然而，诺斯人的成功之处可能也正是他们的失败之源——在气候变化的年代里，他们过于依赖海象了。

这些顽强的北方人的故事应该为我们提供一些教训。[52] 他们在固定的定居点大量投入资源，而没有选择迁徙；他们严重依赖单一的商品——海象牙，甚至被认为是过度开发了这一资源；他们与狩猎策略更多样化的因纽特人的关系也远非合作。[53] 而这一切都发生在小冰期的背景之下，彼时黑死病致欧洲人口骤减，人们对海象牙的需求也急剧下降，因为来自非洲的象牙充斥市场。至今人们没有发现 1327 年之后海象牙从格陵兰出口到欧洲的证据，[54] 这也许一条是诺斯人在格陵兰消亡的线索。可悲的是，想要证明这些假说，一切都依赖于文物的留存，而其中很多的文物都埋藏在永久冻土中。但随着地面的解冻和有机物的腐烂，这些文物正在快速地流失。[55] 历史的真相，可能就随着这些宝贵的遗存一同湮没在时间的长河里了。

但是不管是什么让他们最终走向消亡，这些格陵兰南部农耕狩猎民族留下的故事，都比它们第一眼看上去得更加深刻。在我们的时代，世界的联系变得越来越紧密，市场实现了真正的全球化，流行病会通过飞机来传播，而在这样的背景下，气候正在发生剧烈的变化。面对气候的变化，诺斯人同时是坚韧与脆弱的代表；[56]如果他们能与因纽特人建立更紧密的联系，如果他们能够及时迁徙以抵御海湾恶劣的气候，如果他们不过度依赖单一的商品，他们或许也可以生存下来。[57]或许，关于我们未来的一些线索就暗藏在他们的命运中。

第四章 极地生命

南极

　　白昼过去了，夜晚也过去了，在无情的阳光下两者几无分别。他已经远离大海了；那天出去捕鱼，他和他的企鹅家人们走散了，自己突然上了陆地，不知道该往哪个方向蹒跚前行。通常太阳会来指引他，但是乌云遍布，事情变得很棘手。于是他离开大海，越过岬角，其实并不是岬角，贫瘠的白色地表没有提供任何线索，正确的路线踪迹全无，所以他只是继续走下去。他饿得难以忍受。然后，有一天，在地平线上，他瞥见了一团团活泼鲜明的圆球——在白色背景的衬托下，金丝雀黄色和橙色跳了出来。

　　他是阿德利企鹅（Adélie Penguin），南极沿岸最小和最常见的企鹅之一，能在水中下潜长达 6 分钟，可潜至 150 米深处找鱼吃。[1]19 世纪，法国探险队遇到了这些看起来颇为滑稽的鸟类，便以南极大陆一处名为"阿德利"的地区给它们命名。这一地区的名字，则是探险家儒勒·迪蒙·迪维尔（Jules Dumont D'urville）以自己妻子的名字"阿德莉"（Adèle）命名的。[2]除了我的人类伙伴以外，这只小企鹅是我在南极洲看到的第一个生物。有一天，他迷路了，跌跌撞撞地走进我们的营地，他的导航系统乱成一团。我们

　　　　　　　聆听冰川：冒险、荒野和生命的故事

营地距离大海约 100 公里——更别提能不能供应新鲜的鱼了——我们是前一天刚从麦克默多（McMurdo）南极基地坐了一个小时直升机过来的。

在麦克默多干谷（McMurdo Dry Valleys），严禁干扰野生动物；不允许投喂动物和鸟类，你必须道法自然。因此，我们没办法为这位黑白配色的新朋友做点什么。一开始，他用一些滑稽的动作来娱乐我们，四处走动，拍打翅膀，被帐篷布裹住，被帐篷牵索绳缠住，乱成一团。他逗我们发笑——陆地上的企鹅没什么优雅可言。我们与小阿德利的会面是既甜蜜又苦涩的——甜蜜是因为他确实可爱，苦涩是因为我们不能帮助他。

南极洲确实是地球上的最后一片荒野，一个人类迄今为止未能扎根的地方。它与我们所能想象或感受到的任何东西都相去甚远，是世界地图上一片神秘的、荒凉的白色虚空，它的名字没有任何意义——仅仅意味着"在北极的对面"。然而，这个遥远的大陆大约有加拿大那么大，除了大约 2% 的面积外，皆被全球最大的冰盖覆盖。横贯南极山脉像一条扭曲的脊椎，将这块大陆分成东西两部分，一侧连接罗斯海，另一侧连接威德尔海。

险恶的南大洋环绕着南极。湍急的南极绕极流（ACC）顺时针绕大陆旋转，保持水域凉爽，阻挡来自北方的温暖水流，以保护冰盖。在南极绕极流的北部边界，寒凉水流潜入亚南极温度稍高的水域下方，冷暖水混合，将营养物质带到表面，以维持生命，尤其是珍贵的南极磷虾。磷虾是一种半透明的虾状甲壳类动物，是我们称之为浮游动物的一种，会随着洋流在海洋中漂流。南大洋的海洋生物中，只有少数几个物种可以直接以浮游植物等小型生物为食，磷虾正是其中之一。它用细小的羽毛状的腿，以过滤海水中浮游植物为食。许多更大的生物都以磷虾为食，进而为挪威和日本等国家提供了宝贵的渔业资源——如果没有磷虾，南大洋的食物网就会崩溃。因此，尽管南大洋风大浪急，但海洋生物丰富，鲸鱼、信天翁、企鹅、海豹、磷虾和许多鱼类，都在这里繁衍生息。

南极洲因其绝境和偏远，一直被人们作为寻求的对象，用以确定一个人在这个世界上的目的。从极地探索最频繁的时代一直到现在，它满足了人类根深蒂固的探索未知世界的愿望。许多人曾到这片毫无特色、没有颜色的土地上朝圣。每个熟悉南极的人，脑海里都会有一个自己的形容词，来形容广阔的极地沙漠——令人敬畏的、空白的、充满敌意的、孤立的、宁静的、荒凉的、贫瘠的、引人注目的……无情的。对我来说，这个词是"荒凉的"——因为2010年，恰逢我生命中最荒凉的时期之一，我来到这片土地上。

我探访格陵兰的行程狂野又欣快，满怀着希望和雄心壮志。然而，也正是在这个时期，我母亲诊断出乳腺癌晚期，已经扩散到了身体的许多部位。她对化疗药物的反应非常好，部分原因是心态好，我总能从她身上感受到一种比我认识的任何人都要更积极的精神。然而，两年后，药物不再起效，还导致了严重的副作用。在这段荒凉时期的一个春天，我获得了探访南极的机会。事情完全出乎意料，我收到一封新西兰科学家约翰·奥文（John Orwin）发的电子邮件，他一直在南极，同我在阿罗拉时期的冰川学教授马丁·夏普一起合作。奥文的小团队来自新西兰南部气候寒冷的达尼丁（Dunedin），他们正在寻找既了解冰川又了解水化学的人，准备与他们一起前往麦克默多干谷收集一些数据，来编写即将提交的研究资助计划书。和往常一样，冰的召唤太强了，我无法抗拒。

从一开始我就觉得很荒凉。圣诞节那天，我独自坐在新西兰克赖斯特彻奇的豪华公寓里，小心地打开家人们藏在背包里的色彩鲜艳的礼物。距离和分离带来的痛苦令人难以忍受。如果我回来的时候，妈妈已经不在人世了怎么办？我怎么知道会不会呢？我究竟在世界的另一端，在南极洲的随便哪儿做什么？为什么我不能像个"正常人"一样，在家庭危机的时候肯定会留下来？我这些持续的不安感从何而来？第二天，我被固定在一架军用飞机里，耳边响起雷鸣般的轰鸣声，开往南部大陆。现在，已经没有回头路了。

直升机无法在暴风雨的天气下起飞，因此我们在新西兰罗斯岛（Ross Island）的斯科特基地（Scott Base）停留了几天。这个研究站以罗伯特·法尔肯·斯科特船长（Captain Robert Falcon Scott）的名字命名，1910 年至 1913 年，他那趟命途多舛的特拉诺瓦探险之旅（Terra Nova Expedition），正是从附近的罗斯冰盖启程的。［当时竞争谁先抵达南极点，斯科特带领的英国队伍不仅被罗尔德·阿蒙森（Roald Amundsen）率领的挪威队伍击败，还在返程的途中全军覆没。］我一直觉得野外研究站是个诡异、幽闭的地方。当彼此并不真正认识（而且可能永远不会真正相识）的人试图在用餐时进行轻松的交谈时，可能因为大家都极度礼貌而让气氛变得沉重；增压供暖系统暖得令人昏昏欲睡，而你与打鼾的陌生人共用上下铺时，可能会失眠。这么说起来，我们在斯科特基地的情况不算太糟。基地的工作人员颇为欢快，习惯了自娱自乐。我在那边的时候，当地常驻人员有二十个左右，举办了一场完整的（模拟）婚礼，身材魁梧的木匠嫁给了同样魁梧的厨师，整场仪式包含了婚礼、晚宴、演讲和招待会，都是变装举行的。我还设法偷到了一些越野滑雪板——我并不会用，但我在格陵兰岛认识的加拿大同事，阿什利·杜布尼克（Ashley Dubnick）会。于是她在罗斯冰架上给我上了一堂即兴课。她像天鹅一样在玻璃似的冰架表面滑翔，动作优雅流畅，有节奏地从一只脚换到另一只脚。另一边，我则像小鹿斑比一样，迈出几步，然后摔倒在地，无数次失去平衡。

最后，在闲晃了几天后，我们乘直升机飞往麦克默多干谷，这个南极大陆上最大的无冰区。这些贫瘠的山谷坐落在横贯南极山脉（Transantarctic Mountains）和罗斯海之间，既干燥又寒冷——即使在夏天，气温也大多低于零度。一组奇特的冰川从山上流下来。这些是"冷基"冰川（cold-based glaciers），它们中的许多条都冻结在冰床上，因此流得非常缓慢，依靠巨大冰块的重力压力造成冰晶的微小错位和形变来移动。它们用肿胀的白色裂片供养冰舌。这些冰舌像巨大的雪花石膏一样，从山谷中缓慢地伸出来，在沙质平原上显露着巍峨耸立的冰崖。如果没有锋利的冰爪、冰斧和一些勇气，你是不可能去攀爬这些近乎垂直的悬崖的。它们的陡峭程度反映了这样一个事实：这里几乎没有冰会融化——因此，干谷的冰川口不会形成典型的缓坡冰川底端，像阿尔卑斯山那种。与其他地方相比，南极这一地区全年气温低于冰点，这有助于冰川保持相对稳定；气候变暖的定时炸弹尚未完全命中此地。[3]

我在干谷的时间一共才六周，但感觉就像过了六个月。没有格陵兰岛的狂热兴奋，没有疯狂派对，没有令人振奋的重大科研突破。只是荒凉和单调沉闷的工作。一个只有三名科学家的小团队——阿什利、约翰·奥文和我；这片遥不可及的荒野中只有我们几个人。没有电话，没有电子邮件，没有收音机，对家乡母亲的担忧折磨着我，感觉被这种撕裂感所压倒。我的同伴在整个行程中都戒酒，而我必须每晚喝一两杯单一麦芽威士忌来缓解一团乱的思绪。这是一个珍贵的仪式——我小心地将一部分浓稠的金色艾雷岛纯麦威士忌倒入一个 28 毫升的玻璃小瓶中，这小瓶原本是用来收集水样的。这个仪式是我一天中的精彩时刻——考虑到我在南极，这听起来令人沮丧，毕竟这里是许多人梦寐以求的地方。

我们在科琳湖（Lake Colleen）岸边建立了小营地，那里位于干谷最南端的加伍德谷（Garwood Valley），与麦克默多冰架和广阔的罗斯海接壤。我原本就知道这些山谷颇为干旱，但一到这里，仍然为现实中干旱的程度感到惊讶。当然，就像南极的任何地方一样，雪从云层中滚落——然而，在接触地面的一个小时内，它们又回到了天空中。我简直不敢相信自己的眼睛。它不可能融化——气温太低了。相反，空气极度干燥，意味着固体雪像变魔术一样直接变成了水蒸气，跳过液态——这个过程称为升华，指的是固体变成气体——在炉子上的平底锅中加热一块冰，它首先会变成液体，然后变成"水蒸气"（气体状态）。这种雪的升华，是麦克默多干河谷冰川损失重量的主要方式，尽管夏天也会融化掉一点。[4]

由于极度寒冷和干旱，这片土地上到处都是各种生物的"木乃伊"，海豹、企鹅和其他误入歧途的愚笨生物。它们坚韧的残骸，可以在寒冷的空气中保存长达数千年，[5] 免受细菌和其他微生物的破坏。这并不是说，干谷中不存在微生物，但与热带土壤相比，它们并不多，而且微生物在这种环境条件下并不活跃。最初发现这些山谷的是斯科特船长——他将泰勒山谷（Taylor Valley）称为"死亡之谷"。[6] 奇怪的是，正是我对这些山谷的最初的想象吸引了我来这里探访：墓地般的山谷，大多数生命形式都在其中挣扎求生。我早期有一些微生物如何在冰川深处生存相关的发现，我想知道生命是如何在这个地球上最具挑战性的地方之一的冰川上繁衍生息的，更不用说，这还有可能告诉我们，静静地躺在旁边的巨大冰盖是否宜居，甚至可能还会给探索其他冰冷的行星和卫星提供一些参考。

尽管这片极地荒漠周围尸骨散落，我们的小帐篷群仍是我踏足过的最豪华的野外营地。可能是因为它不是英国人管理的——我们英国人喜欢吃苦。我们的后勤保障是由新西兰提供的，他们用直升机运来了靠发电机驱动的冷藏柜，里面装满了预先包装好的肉食和美味的酱汁。我们把冰的样品跟这些酱汁放在一起。如果你在南极开展科研，你通常会与某个国家的物流运营部门合作——无论是英国、美国、新西兰还是在那里有业务的另外 40 多个其他国家中的某一个——只要谁能提供合适的装备，确保事情安全进行就行了。这与我在格陵兰岛的情况相去甚远，那边我们只

　　　　　　　聆听冰川：冒险、荒野和生命的故事

能靠顽强的冰川学家兼任后勤业务，管理我们自己的交通、营地设置、装备、电力、食物和日常。在南极，我不必担心这些。

我们的帐篷群被称为"天堂营"真是恰如其分，它结实得能够抵抗龙卷风——它就像一根巨大的黄色香蕉如六角手风琴一样展开，外帐紧绷在一系列环形的杆子上。从一开始，我对这个帐篷的体验就好坏参半。当直升机把我和阿什利送到这里时，我们只有一个非常短的天气窗口去试图搭建营地（我们不得不把约翰留在后面，因为得有人去归置大量的设备仪器，所以他后来才加入）。我们从来没有见过这样的帐篷，最初很困惑怎么搭，但好歹设法弄明白了，组装起了它形状奇特的"身躯"，所有的帐杆都安装到位。我们在里面一边欣赏着我们的作品，一边惊叹于它整个都是鲜艳的黄色的。这时，一股狂风席卷了冰川外缘湖边的沙滩。没有任何预先警告，我们突然就发现自己猛烈地来回颠簸，帐篷被风卷起，沿着岩石斜坡往湖边推进，我们在里面不停地翻滚，试图保持直立，像转轮中的仓鼠一样疯狂地乱抓——我们忘了把帐篷钉在地上。幸运的是，风减弱了，我们停了下来，然后开始在玻璃一样光滑的湖冰上疯狂滑行。

谢天谢地，我们每个人自己的个人帐篷要简单点儿。我的帐篷成了我安息乡——一个远离外边和脑中风暴的避难所。新西兰后勤给我们每个人提供了三个睡袋——一个抓绒衬里，一个内羽绒袋，一个外羽绒袋——睡袋放在一个厚厚的隔热充气垫上，垫上铺着毛茸茸的羊皮。说来奇怪，我从没像在干谷睡得这么好过。尽管白天我的内心动荡不安，每当夜幕降临时，我的身心就似乎进入了一个缓慢的节奏，我感到自己被圈在我的小帐篷里，喉咙后部回味着温暖、刺痛的威士忌记忆。

我的任务是在这片荒凉的土地上寻找生命，但生命需要生存的一个基本条件是……水。这里可是一个被我们叫作"干"谷的地方。细胞没有水就会死亡。没有水，人类只能存活一周左右；毕竟，我们是由细胞组成的，我们体重的一半以上是水。对单细胞微生物来说，没有水也将是一场灾难。所以，我在干谷的第一个任务就是寻找水源。乍一看，在一个气温已经低于冰点的地方，找到液态的水似乎不太可能——然而，干谷中的冰川偶尔也会融化。这里的太阳很强，夏天的时候，它全天候将最强大的光线——通常以短波辐射的形式——投射到冰面上。埋藏在冰川浅表冰层中的灰尘颗粒，吸收了这些射线并开始升温，温度刚好足以融化周围的冰，尤其是灰尘颗粒下方的冰。随着水的融化，灰尘颗粒慢慢深入冰层，在上面留下一个消融液体小胶囊，随着时间的推移，形成一种叫作"冰尘洞"（cryoconite hole）的东西。这些实际上是水管通道，底部有泥垢（即"冰尘"），周围环绕着圆形冰墙。

在世界上几乎任何地方，如果你站在正融化的冰川上，向下凝视它的表面，你都会看到数百个这样的洞进入冰中，就像巨大的打孔器打了孔一样，微量的泥土在底部向你眨眼。但在干谷，冷空气经常使冰尘洞的表面结冰，因此洞上有一个厚厚的冰盖，有点像一个冷冻的果酱罐，[7]这就导致它们非常难找。令人着迷的是，被困在冰盖下面的那一小泡水，通常在夏天保持液态，因为洞底的深色沉积物总是能被强大的太阳光线加热，而冰冻的冰盖还提

聆听冰川：冒险、荒野和生命的故事

供了一点绝缘性，将寒冷挡在外面。

因此，我第一次登上附近的乔伊斯冰川（Joyce Glacier），经过两个小时的长途跋涉，越过沙地、岩石和冰层，我感到很困惑——所有的冰尘洞都去哪儿了？冰川沿着皇家学会山脉（Royal Society Range）降下来，顺着山脉的走向，伸出平坦、耀眼的白色冰枝，然后突然终止于垂直的冰崖。在冰崖轮廓分明的垂直冰壁上，展示着过去冻起来的一层一层的尘土和白冰，并冻结在下面的岩石上，所以冰下没有河流、沼泽或洞穴。碰巧，我确实在冰面上发现了少量的冰尘洞——但让我们着迷的是，冰盖下有巨大的融水池，几米宽，底部堆满沉积物，顶部是一块与茄汁焗豆罐头一样高的实心冰块。不久前，在靠近干谷的加拿大冰川上也发现了类似的融水池，获名"冰晶湖"（cryolake）一词。[8] 它们似乎主要群集在冰川的边缘，有时通过同样有冰覆盖的微小水道相互连接——整个形成一个亚冰管道系统，但这次的是在冰川表面。这是冰川融水在涌入冰崖、流入河流和湖泊之前，最后的停留点。冰晶湖非常酷——你可以徒步滑过它们结了冰的光滑表面，透过冰冷的盖子向下凝视，进入一个水汪汪的地下世界——极地沙漠中的绿洲。

直到我去南极前的大约十年，人们普遍认为冰川没有生命——在研究地球博物史的时候，这就是片很大程度上可以直接忽略的贫瘠荒地。然而，在上阿罗拉冰川底下发现微生物生命之后，研究人员努力尝试在其他地方的冰川上进行寻找，看看是否也有类似的微小生命形式存在。如果冰川中的生命无处不在，这将意味着在研究地球上复杂的碳储存和流动网络（即"碳循环"）的时候，考虑到生物多样性，就不能再简单地不管冰封的极地和高山了。也有可能，这些顽强的生命形式具有某些有用的适应能力，能适应极端寒冷、冰川表面的强烈辐射或冰川床沉积物释放的汞等重金属——也许它们的基因含有能制造防晒色素的编码，或者能将金属转化为毒性较小的形式？

那么，我该如何在被厚冰覆盖的冰晶湖中去寻找生命的迹象？——这类型生物太小了，肉眼无法看到。幸运的是，我最近开始与一群杰出工程师合作，他们来自南安普敦的英国国家海洋学中心，是这一领域开发和测试技术的专家——你可能会使用这类仪器来检测海洋里偏远角落中甚至是其他星球上的生命。其中一位名叫马特·莫勒姆（Matt Mowlem）的年轻工程师，他以技术创新闻名，他用火柴盒大小的微型扁平塑料芯片，来检测海洋中的营养物质；实质上，马特和他的团队，把我实验室里那种笨重的台式化学仪器所有的组件缩小到一个芯片上，最后制造了一个大约1.5升大小的传感器水瓶，称为"芯片实验室"。马特的一切都很务实——如果他住在一个风扇或者电灯坏了的酒店房间里，他会给人家修好；如果他在南安普敦郊区家里的花园里有太多鸽子经常出没，他会用气枪把它们击落，然后当晚餐吃掉。我一直很佩服他的聪明才智。

马特和我最近获得了政府资助，为不太极端的环境开发技术，包括他的芯片实验室，在冰川上进行测试。一项引起我们兴趣的发明是一种传感器，可以测量溶解在水中的氧气量——这是我们在冰晶湖中寻找生命的一个很好的起点。在这些密封的融水胶囊中，氧气是生命的一个很好的标志，因为如果含量低于大气中的含量，这表明氧气被生命体消耗了；而如果含量高于大气，则可能是通过光合作用过程产生的。科学家们已经在附近泰勒冰川上较小的冰晶湖和干谷冰川底端上有冰覆盖的湖中发现了藻类，这给了我一些成功的希望。[9]然而，在这些冰冷的地方，生命是如何在如此极端的条件下存在的，一切尚不清晰。如果我能进入冰晶湖的冰盖之下，我就可以在夏季融化高峰期，每隔几分钟用我的仪器检查一下水，看看水中的氧气含量。

我和阿什利花了将近一周的时间，才把必要的笨重设备拖到冰川上——其中包括数据记录仪（有点像简单的计算机，用于及时记录数据）、各种仪器及其意大利面条似的电缆、金属杆、各种工具、太阳能电池板、电池，最重要还有胶带（几乎所有问题的解决方案，从羽绒服上的洞到飘动的电缆和接缝处鼓起的板条箱——冰川学家没有胶带的话，去不了任何地方）。我已经在格陵兰与阿什利合作过；我们当初试图弄清楚如何将气体示踪剂注入莱弗里特冰川的时候，需要步行将大量的花园浇水用软管拖到冰盖上，她就是我们的救星。她强悍得很。

每天早上，我一醒来，我的帐篷帆布上透出微弱的橙色光芒，我会以一种平静的感觉迎接新的一天。但当我想起母亲的困境时，这平静马上就烟消云散，我们相隔的距离令我的胃里翻腾起阵阵恐慌。早餐是一场艰难的考验——需要吃着麦片进行社交闲聊，同时与内心深处沉重的绝望做斗争。吃完之后，收拾好背包，我们就出发前往乔伊斯冰川。行程一开始很容易，是穿过我们营地旁边结冰的湖面，然后冰面开始烂糟糟起来，人的腿消失在一个个潮湿、冰冷的洞里。接着是沙丘上的跋涉，那是冰川前的沙丘状冰碛。我们与沉重的背包做斗争，同时沙丘状冰碛在我们脚下松动。我们步履蹒跚，排成一列，就像驮兽穿越沙漠一样。这段路对我来说是情绪上的折磨，路上我每次与同伴分开时都感到庆幸，因为当焦虑逐渐消失时，我常常泪流满面。就像在斯瓦尔巴群岛一样，音乐是我的救星——这一次是通过 iPod 而不是我珍贵的索尼随身听。一阵充满活力的吉他声和振奋的鼓声帮助我重新启动自己，把我从绝望中解救出来。

最后一段需要爬上冰川边缘的冰崖，那是最令人痛苦的部分，尤其是一个人的背包上笨拙地绑着 20 公斤的随机装备，里面塞满了各种各样的应急用品，如衣物、食物和水等，都塞在各种工具、电池和仪器周围。冰崖上的狭窄沟壑，得用冰爪和冰镐。在布里斯托尔埃文峡谷（Avon Gorge）的岩石峭壁上晃荡多年，让我的双脚一直非常敏捷，并且具有良好的平衡感。这次攀爬虽然远非垂直，且在技术上没有挑战性，但过程中滑倒和向后倾倒的想法总是增加了危险感。当我弯下腰，抬腿越过冰隙时，就能感觉到背包带在我的肩膀上勒住我，疼痛感很熟悉，从脖子上被压住的神经处炸开。这种疼痛相当常见，当你的背包里有太多的重量，你的身体无法有效承载时，就会产生。我发现，在这种情况下，咬牙切齿是有帮助的，因为它会以某种方式导致一个人的思想也很咬牙切齿。你只是习惯了疼痛——它只是变成另一种感觉，比如热或冷或

　　　　　聆听冰川：冒险、荒野和生命的故事

空气中的运动感。你注意到它，与它进行简短的交谈，然后继续。

我可能看起来不像一个粗犷的户外人——身高一米七，体重只有50多公斤——但我想我比看起来要强悍得多。这些年来，我见过很多困惑的面部表情和挤眉弄眼的评论——从"你看起来不像冰川学家"到"你如何应对寒冷，你身上没有很多脂肪？"——我已经学会了礼貌地微笑并继续前进。不要给它任何能量。然而，作为一名女性，野外生活在一些方面肯定更难。

我经常注意到，年轻女学生在野外实习时感到为难的一件事是——怎么在冰川上撒尿？在一片空白、毫无特色的冰雪和岩石上，几乎没有地方可以隐藏自己。按照纯粹的逻辑，我最初的策略是不喝任何东西。在早期，当我经常是探险队中唯一的女性时，这就是我使自己免于尴尬的方式。12个小时过去了，我奇迹般地控制了我的膀胱，让它简单地容纳了一切。但是这种自我否定的道路显然是不可持续的（实际上，可能有害），因此有时有必要偷偷地消失在一块巨石后面，一个雪坑里，或者有时只是简单地走进广阔的空地，低声提个要求，让同事们避开视线。

在干谷，处理这种简单的身体机能的问题又变成了另外一回事。我们知道，在世界的这个地方，你不能随意小便。从字面上看，所有的尿液，实际上所有的废物，都必须在考察季结束时收集起来用直升机运出南极——在这些山谷中进行科学研究要受到一些约束，那就是"不违反"科考行为准则中必须遵守的部分。因此，这场特殊的野外活动开始的时候，新西兰后勤（开明的人）为每位女性团队成员提供了一个"撒尿器"——就是一根塑料管，可以在需要时放置在需要的地方；以及一个塑料的收集"产出"的瓶子。太激动人心了。在我的职业生涯中，我第一次拥有了一些与男人相同的优势。我不再需要寻找岩石或雪洞，或者与我的同事进行那种尴尬的谈话。我可以漫步到远方——多么自由！

从营地到乔伊斯冰川的一路大概需要两个小时。阿什利和我在异常阴暗的天空下，在那里度过了几天，在冰川边缘发现了几个大小适宜的冰晶湖，我用金属冰钻刺破了它们的冰盖，插入仪器来测量光、温度和水中的氧气。几天之内，冰盖就重新形成了，将融化的水和其中的任何东西都与外界隔离开来。在冰冷的冰晶湖水中浸泡一个月后，我们的仪器讲述了一个非凡的故事。正如您所料，它们证实，当天气寒冷时，很少有阳光穿过湖的厚厚的冰盖——我们的光传感器显示，多达 90% 的太阳光线被挡住了。[10]奇怪的是，虽然湖泊中的溶解氧浓度接近（有时甚至高于）上方的空气，但鉴于这些湖泊与大气隔绝，氧气是哪儿来的呢？

植物从地下吸收水和从空气中吸收二氧化碳，通过光合作用利用太阳能，将它们转化为有机物质，产生副产品氧气，从而使我们的星球变得宜居。冰晶湖中的氧气提供了一个线索，表明这里有生命，它们以单细胞植物状生物的形式存在——就像藻类一样，如果你不换水，你的鱼缸就会因藻类变绿。尽管藻类在它们密封的居所中产生了越来越多的氧气，但冰晶湖水中的氧气并不仅仅是不断上升。氧气含量稳定，就意味着必须有别的什么把它从水里消耗掉了。

显然，冰晶湖中存在一群不同的微生物，它们消耗氧气，并调

　　　　　　　　聆听冰川：冒险、荒野和生命的故事

节水中的氧气含量。这些微生物被称为异养菌，它们不能进行光合作用来制造自己的食物，而是依靠其他生物（例如藻类）制造出来的有机物；它们使用氧气来分解有机碳，产生食物（通常是能量），而二氧化碳则作为副产品释放出来。二氧化碳随后可被藻类用于光合作用——因此这两种微生物共同生存。这些巧妙的相互作用，使冰晶湖有点像玻璃容器，只是用冰代替玻璃，用藻类代替植物。在这个封闭的世界中，植物产生的氧气被细菌利用，细菌产生的二氧化碳被植物利用来进行光合作用，产生碳。这是一个平衡的系统。

我有个研究助理利兹·巴格肖（Liz Bagshaw），是干谷探险的老手。她在我们布里斯托尔实验室的冰箱里创造了一个人造冰晶湖，方法是把真正冰晶湖底部的一些沉淀物放入装满水的玻璃罐中。她很想知道冰晶湖厚厚冰盖下的极低光照水平是否会影响上述的平衡：有机碳分解过程中消耗的氧气（由细菌等异养生物以及藻类消耗）与有机碳通过光合作用产生时出现的氧气（由藻类）之间的平衡。[11] 总的来说，如果藻类在冰尘沉积物中产生的"自制"生命物质比可以消耗的多，那么由此产生的深色有机物质可能会加速冰融化，使冰变暗，继而使冰川表面整个变暗，吸收更多的太阳光。

利兹让实验跑了一整年。冰川微生物需要一段时间，才能开始表现得跟现实世界中一样。一开始，氧气浓度下降，表明异养生物占统治地位，藻类较少。藻类因为经过长时间的冷冻休眠，一开始混成一团，没能很好地在沉积物表面建立自己的根据地。然而，几周后，罐子里的沉积物表层上，开始出现了绿色的藻层，溶解在水中的氧气量开始上升。藻类在这个冰冷的世界中站稳了脚跟。沉积物深处的异养生物，为自己的邻居藻类提供了足够多的二氧化碳作为燃料，以方便进行光合作用产生暗色的有机物。

令人惊讶的是，光量越大，藻类产生的有机物多过消耗就越快，这表明氧浓度就越高。但这也受到一些限制。如果你给藻类无限多的光，比如说，在乔伊斯冰川耀眼的表面——即冰晶湖的外部——它们制造食物的能力反而会受损。有趣的是，来自干谷冰晶湖的藻类尽管是光养生物，但它其实是适应用很少的光进行光合作用，并能在寒冷的环境下茁壮成长。大多数生物，包括我（挺讽刺的，我知道），都讨厌寒冷多云的天气——但在南极洲的冰川之下，似乎有些生物不仅喜欢这种环境条件，而且于其中繁茂生长。

我们在乔伊斯冰川的野外考察前几周都是阴沉沉的，行程过半，太阳才终于出现了，射出强烈的光线照到地表。我之前没想过这会导致什么，但，整个冰川都发疯了。我们放置在冰晶湖中的仪器显示，随着冰盖融化和变薄，穿过的阳光从 5% 上升到 70%。突然间，冰川表面的管道系统变得生机勃勃——冰晶湖开始生长，连接它们的溪流被融水吞没，冰盖消融，瀑布从悬崖上坠落，流入乔伊斯冰川的主要河流——卷起汹涌的洪流冲向冰雪覆盖的科琳湖。[12]

麦克默多干谷也有其他地方报告了类似的"冰川洪水"事件。该地区之前一直变冷，过了大概 10 年，在 2002 年左右开始退出冷却期，就发生了一次大型冰川融化事件。[13] 随着融水的涌入，新鲜的沉积物和养分得到了供应——这对冰川下游的任何生命形式，都是一种"款待"。我们开始意识到，这些冰尘洞和冰晶湖原来是食品工厂。阳光照射到沉积物表面，藻类栖息于此，通过光合作用产生有机物质，沉积物深处的细菌"燃烧"有机物。这种循环生产和消耗碳的过程，将含碳的营养物质释放到冰晶湖的水中。在寒流期间，冰尘洞和冰晶湖储存和循环碳和营养物质。在大冰川融化事件期间，储藏室的门被打开，营养物质被运出冰川，穿过沙质平原。[14] 要说供养某种生命形式，麦克默多干谷冰川下游的大型湖泊是贫瘠之地，因为它们的冰盖可以过滤掉多达 99% 的光——这意味着，来自冰川的额外营养供应对湖泊中的生物群非常有用。[15] 因此，乔伊斯冰川正在为下游加伍德峡谷的生态系统提供生命支持。

我们对冰川的理解正在改变，一开始觉得它们是寒冷、贫瘠的荒漠，现在觉得它们是为整个邻近生态系统提供营养的食物工厂。这可不是什么"死亡谷"。然而，在干谷的冰川底下，情况就完全不同了。这些冰川大部分都冻结在它们的冰川床上，除了一个已知的特例，泰勒冰川，它下面有古老的盐水，是前海洋的残余物，因为太咸而无法结冰，因此可以维持生命。[16] 然而，这里的大部分的广袤冰川下，生命只能在冰尘洞和冰晶湖的绿洲中繁衍生息——冰冻的深处仍在休眠。

我站在乔伊斯冰川上，时常凝视远处的横贯南极山脉，被潜伏于它们后方的巨大冰块——南极冰盖——所震惊。我总是觉得很好奇，干谷的那边是什么，究竟是什么潜伏在冰下面。黑暗、神秘的冰盖和冰川内部总是比它们的表面更能吸引我——在南极的某处，一个已经缺光3000万年的地方，完全无法进入的神秘世界，这让我更加痴迷。

我并不是唯一一个对南极洲黑暗的底部着迷的人。这是世界上最后几块无主之地，没人能真正拥有、没有发生过战争，环境完全不会受到石油、天然气和矿产勘探的干扰。1959年，12个国家签署了《南极条约》，目标是让南极成为"致力于和平与科学的自然保护区"；如今，有超过50个签署国。除了科研和旅游，几乎不允许任何其他活动项目。然而，各个国家留在南极洲的原因并不那么值得称赞：它们对隐藏在冰下的东西——石油、天然气、矿产——感兴趣，就等着未来哪天万一能开采了。另一个吸引人的地方，是南极大陆晴朗的天空，无线电干扰最小，尤其是在南极内陆，因此用来进行研发定位系统、进行远程监视最好不过了。因此，自19世纪末以来，科学、探索和地缘政治在这里紧密交织。[17]现在有40多个国家在南极洲设有研究站，横跨8个"领土"。这些领土是因为不同国家在《南极条约》（冻结任何后续声明）之前提出过的主权声明，说南极某个部分属于它们的一部分。澳大利亚、阿根廷、智利、法国、新西兰和英国各一处，挪威提了两处。中国则正在如火如荼地建设第五个科考站，并信心满满地要建设一条"道路"把这些科考站连接起来——一条从东到西的冰道，用来走铁路牵引车。

探索南极冰盖底部的难点在于冰盖中心有四公里深，所以隐藏在巨大的冰盖之下的东西几乎是个谜。20世纪70年代，戈登·罗宾（Gordon Robin）带领一支剑桥的地球物理学家团队，从空中对南极大陆进行了广泛而深入的探索。[18] 后来与丹麦团队合作，他们驾驶配有雷达探测仪的飞机，飞越冰盖表面——无线电波可以穿透冰层，在冰层内部和下方反射，产生一种称为无线电回波的现象。通过整合来自冰盖的回波，科学家们可以开始了解它的内部结构。当然，正如你所料，结果显示，一层又一层的冰，越往深处越老，沉积物被困在冰层之下。然而，最具启发性的是，在冰盖底部和固定冰的岩石基质之间，存在大型湖泊，它们平坦的液体表面在雷达图像中表现为明亮的反射体。其中之一是沃斯托克湖（Lake Vostok），位于南极洲东部冰层深处，水域广阔——长 250 公里，宽 50 公里，是世界第六大湖。

这里最深刻的发现，是南极冰盖的底部大部分是潮湿的——尽管在地表，气温可能低至零下 80 摄氏度。就像我前面提到的巨型摩天大楼冰块实验，底部的冰承受了巨大的重量，融点发生了轻微的变化，略低于零摄氏度。考虑到来自地球深处的一点额外热量——地热——以及冰在岩石床上移动的摩擦力，冰盖底部在某些地方会有水，是完全合理的。[19] 自 20 世纪 70 年代以来，科学家们已经在南极冰盖下发现了 400 多个湖泊，它们之间有河流流动，更远处还有沼泽带，[20] 与冰川下发现的景观类型惊人地相似。唯一不同的是，在南极洲，水不是来自冰盖表面，冰盖太冷了；它来自底部稍微温暖的基床，基床上方的冰非常缓慢地融化。虽然这可能也就是一年内产生个仅几毫米的融水，但在整个大陆上，整体就可以达到相当大的数量——尽管大约仍然只是格陵兰岛产量的十分之一。

我试图想象过，冰盖底部要是个生物乐园会是什么样子。当然，这里一片漆黑，在冰川移动的过程中，可能会有一吨重的岩石被冰川碾碎成鹅卵石、沙子和淤泥。可能会与冰盖形成前的一吨死物质混在一起——树木、灌木、海洋泥浆，这些是大约5000万年前的冰的受害者。当时，南极洲缓慢冷却结冰，地球大气中的二氧化碳浓度下降，直到大约三千万年前，形成了一个大陆大小的冰盖，将这些生命冻死在了这里。[21] 潮湿、黑暗、大量的有机物、稀缺的氧气——我想到了其他有类似生命成分的地方——听起来有点像垃圾填埋场，或者，也许是牛的胃。我思绪万千，因为在这两个栖息地中茁壮成长的有一种生命形式，是一种特定类型的微生物，称为甲烷制造者［从技术上来讲，是一种"甲烷生成菌"（methanogen）］。

甲烷生成菌是一种顽强的生命形态。在氧气太少的情况下，大多数其他微生物无法生存，甲烷生成菌就来了——事实上，对甲烷生成菌来说，氧气会给它们带来压力。你可能还记得，在斯瓦尔巴群岛，我发现了某种微生物，不需要氧气可以使用硫酸盐（含有四个氧原子）来氧化有机碳，从而产生能量——嗯，一旦这些家伙用完硫酸盐，接下来出场的微生物就是甲烷生成菌。它们可以在氧气供应长期耗尽的最深、最黑暗的地方繁衍生息——它们特别顽强，甚至是火星候选生命的一种可能，因为火星大气中含有少量甲烷。[22] 甲烷生成菌想要繁衍，需要正确类型的碳和一些氢，然后这些元素就会消失，变成地球上最有效的温室气体之一甲烷。

甲烷比相同体积的二氧化碳的升温效率要多 20 到 30 倍——这就是养牛业的最大问题。那么，南极洲的底部是否就像一头巨牛的肠子，在冰冷的深处积聚了大量的甲烷屁？我想，如果我能从干谷冰川肮脏的鼻子下面取出一些沉积泥浆，可能能帮我找出这个充满气体的问题的答案。反正我得想个办法钻进去。

回到布里斯托尔，我给自己装备上了四把亮橙色的亮橙色链锯（两把电动和两把气动——你要能搞到四把，何必只要一把呢？）、护耳器、护目镜和防磨裤，然后报名参加了链锯安全课程，以确保我别将自己或其他任何人斩首。一个明媚的春日，我、教练格雷格·利斯（Greg Lis，我在格陵兰岛的战友）和乔恩·特林（Jon Telling，我的实验室负责人）在地理系停车场集合，开始练习切割巨大的冰块，这些冰块是用我们实验室里的步入式冰柜造的——这是我们能准备的最接近锯冰川的演习了。

然后，我们三个人在同事的帮助下，花了一年多的时间在格陵兰、斯瓦尔巴、挪威，当然还有南极洲的冰川下用链锯锯出我们要的通道。每个冰川都位于完全不同类型的岩石上。例如，在干谷，冰川曾一度像推土机似的在泥泞的湖泊沉积物上推开一条路——对任何饥饿的甲烷生成菌来说，这些沉积物中都充满了营养物质碳。在格陵兰，冰川在冰冷的基底层中，埋藏了古老的土壤和植被——北极苔原的残余物，碳含量较低，但也够甲烷生成菌用了。令人震惊的是，只要我们从冰川床上锯下来的冰块里有碳，就有甲烷生成菌。[23] 为了了解它们到底产生了多少甲烷，我们将锯下来冰块上的一小部分沉积物和一点融水密封在一个小玻璃瓶，放在冰箱里。

两年后，我们把玻璃瓶从冰箱中取出，发现尽管由于低温而速度生发非常缓慢，但甲烷生成菌确实产生了甲烷气体。[24] 此后不久，一支美国团队钻过 800 米厚的冰层，钻入其中一个冰下湖，这个湖叫"威兰斯湖"（Lake Whillans），是在南极西部冰盖边缘下发现的。用热水钻孔系统可以打出比餐盘还大的钻孔，他们在冰盖底部发现了甲烷——很多。[25]

在南极冰冷的深处产生这么多甲烷，对地球来说这可能是件相当凶险的事。甲烷通常是气态的，但它有点像变形剂，可以根据所处的环境改变形态。一定量的甲烷可以溶解在水中，但如果甲烷过多，水就会饱和，就像海绵吸满了水一样。此时，气泡开始形成。但是，如果天气很冷、甲烷受到很大的压力的话——例如在冰盖下——它会再次形变。在这里，一个甲烷分子躲在水分子构成的笼子里，形成一种类似于冰的稳定固体，被称为甲烷水合物（或甲烷包合物）。我们知道南极冰盖的底部横跨山谷和盆地，有些深达数千米，其中填满了被困在数千米冰层下的沉积物。这些巨大的沉积物容器是甲烷水合物的完美储存囊——深、冷、偏远。[26]

我觉得好奇，想知道冰盖下实际上可能藏有多少甲烷水合物。我开始与两位同样被这一问题深深吸引的科学家合作，布里斯托尔的桑德拉·阿恩特（Sandra Arndt）和加利福尼亚大学圣克鲁斯分校的斯瓦韦克·图拉兹克（Slawek Tulaczyk）——他们用计算机模型来复现地球的主要自然系统，例如冰的流动和洋流如何在海洋中移动，等等。这些模型总是不完美的，因为我们对自然界的运作方式并不完全了解，但模型对研究南极冰盖或整个世界等巨大实体仍然很有用。毕竟，在这个规模上进行物理实验几乎不可能——但如果你能创建数学方程来描述你认为对研究对象很重要的所有特征，然后对变量进行修补，研究就成为可能了。

我们开始研究南极冰盖下的甲烷的时候，也怀疑是否有另外的方式可以在冰下形成甲烷——以某种根本不需要任何微生物的方式，通过热量和压力来实现。冰盖的某些部分，特别是在南极洲西部，是地热的热点，地壳相对较薄，因此更多的热量能够从地幔中渗出——从而产生火山。最引人注目的是罗斯岛上的埃里伯斯山（Mount Erebus），是在南极洲发现的近 140 座火山之一。[27]这些火山主要与西南极裂谷系统（West Antarctic Rift System）有关——一个横跨罗斯海和南极半岛之间长达 3000 多公里的裂谷系统。[28]这里的地壳被拉向不同的方向，进而形成了线性盆地。这意味着西南极裂谷系统虽然大部分隐藏在冰层之下，且与更知名的非洲大裂谷系统的尺寸相似，但可能拥有地球上最密集的火山群。在这里，储存在深处的碳很可能会被加热，大分子会分解成更小的分子——包括甲烷。我们用计算机模型模拟了西南极冰盖床，计算可以产生多少这种"热甲烷"和微生物产生的甲烷，发现可能高达数十亿吨。[29]

这一发现的影响相当可怕，因为气候变暖可能导致南极冰盖的一部分变薄甚至消失。特别是西南极冰盖的底部，位于目前海平面以下数千米处。这意味着，它的几乎所有冰川都从横贯南极山脉流下，漂浮在海洋中。随着冰川的冰在海面上散开，形成了罗斯海、威德尔海和许多南极周边地区的巨大冰架。这些漂浮的冰架被岩基山坡固定在适当的位置，发挥着至关重要的作用——它们反压在冰盖上，就像巨大的制动器一样，阻止冰盖不受控制地流入海洋。

但温暖的海水开始按摩这些冰架的下层，导致它们融化、变薄并向大海释放更多的冰山。[30] 这并不是说"空气变暖因此海洋变暖、冰架融化"那么简单。南极洲的气候复杂，与全球不同地区有遥相关。例如，被称为"绕极深层水"的水流，位于南极沿岸流的底下，将地表海水移动到南极洲周围，是温暖的咸水深水，它一直在侵蚀南极大陆架，越来越靠近冰架堆积的地方。这与斯瓦尔巴群岛和格陵兰岛部分地区冰川退缩的原因没有什么不同，但驱动冰川退缩的水流在每个地方都不同。

这些暖水流出现在南极洲周围的确切原因尚不清楚。可能是因为随着我们的海洋从大气中吸收越来越多的热量，深海正在变暖，也可能是因为南极的风正在发生变化。[31] 南极大陆主要受南半球西风带（Southern Westerlies）影响，从西向东顺时针旋转，由南极（低压）和亚热带南纬 30 度附近区域（高压）之间的压力差驱动。过去的 20 年里，西风带变得更强，更紧密地拥抱南极大陆[32]——有人认为这是由臭氧空洞扩大和温室气体带来变暖导致的。[33] 在温带地区，如巴塔哥尼亚，西风带向南极洲的收缩正在使那里的冰川缺少降雪，导致它们收缩。然而，在冰冷的大陆本身，风的加强困住了冷空气，这意味着，除了南极洲西部的部分地

　　　　　　　　　聆听冰川：冒险、荒野和生命的故事

区，气温并没有像世界上冰川所在的地区那样显示出如此明显的变暖模式，一些地方（主要是近几十年来，南极洲东部）甚至出现了降温期。[34]（这是麦克默多干谷的乔伊斯冰川与其他地方的冰川相比相当稳定的另一个原因。）然而，南极洲周围风的模式的微小变化，似乎正导致了温暖的深水出现在靠近海洋表面的位置，使冰架上的冰舌发痒。[35]

远低于海平面的冰盖床、广阔的冰架和温暖的海洋——这不是一个稳定的情况。从本质上讲，随着冰架融化和变薄，南极冰盖的刹车系统正在磨损，冰从内部流向海岸的速度变得更快。冰川退缩正是因为冰川在陆地上流动的速度不够快，无法弥补在冰架边缘流失的冰。在南极半岛蛇形臂的西海岸尤其如此。[36]

有一处冰川感觉特别坚硬——位于阿蒙森海堤周围的松岛冰川（Pine Island Glacier）。它的面积只有英国的三分之二多一点，是地球上收缩速度最快的冰川，每年变薄超过一米。[37]它从冰川底端释放出直径数百公里的巨大冰山。随着冰变薄，也会变得更脆弱，更容易破裂，有时还会从海底的岩基山脉底座上脱落下来，离开它们原来所处的适当位置。松岛冰川是整个南极洲上减重最多的最大输家。连同其邻近的冰流，可导致海平面上升超过一米——大约是整个西南极冰盖的三分之一。[38]阿蒙森海堤冰川对保持西南极冰盖的位置，保护冰盖免于崩塌来说非常重要。它们将来退缩的情况，可能关系着西南极洲和我们海平面的未来。

科学家们认为，在大约12万年前，冰期与冰期之间的最后一个称为"埃姆"（Eemian）的间冰期，西南极冰盖可能曾经发生过崩塌。当时，全球平均气温比今天高出约 1 摄氏度，但海平面至少高出 6 米——海洋中这些额外的水，极有可能是由于南极洲的冰层流失带来的。[39] 目前，每年因南极洲冰盖和冰川融化而导致的海平面上升量为 0.43 毫米，仅略高于格陵兰岛（0.77 毫米）的一半。[40] 但如果西南极冰盖再次崩塌，这个数字就会大多了——这时就可以向英国东安格利亚地区、马尔代夫等低地岛屿，还有如荷兰、波士顿等建在填海土地上的沿海国家和城市，以及整个东南亚的大片沿海地区说再见了。

至于甲烷水合物——它喜欢寒冷和承受压力。要没有这些，它就会变得不稳定。一旦这种情况发生，那些已经被锁住了数百万年的固体冰状甲烷，就会变成气泡。我们知道在北欧最后一个冰期末期，这种情况也发生过，因为科学家们在海底发现了巨大的陨石坑，随着冰盖融化，甲烷水合物附着的床变得不稳定，就从海底以气体的形式爆炸性地喷发了。[41]

在 2015 年签约的《巴黎协定》时，几乎每个国家都承诺将全球变暖控制在 2 摄氏度以内，理想情况下控制在比工业化前期（大约 150 年前）高出 1.5 摄氏度以内，[42] 但当时没有考虑到冰盖或永久冻土融化产生的甲烷可能造成额外变暖。如果甲烷水合物位于冰盖之下，并且有机会可以释放出来，那么我们可能需要加强减少石油燃料排放的力度，以将升温控制在相同的范围内——这个问题存在巨大的不确定性，因为目前没有人为冰盖下的甲烷水合物提供过确凿的证据，只有过去的一些证据。[43] 即使它潜伏在南极深处（我们很肯定有溶解形式的甲烷），它也有可能在有机会逃逸到大气中之前，被转化为危害较小的二氧化碳——因为冰盖下的另一组微生物，主要通过将甲烷转化为二氧化碳来获取能量。[它们被称为甲烷氧化菌（methanotroph）——"由甲烷提供营养的"。][44] 不过，这些甲烷氧化菌的表现如何，可能取决于它们在甲烷释放到大气之前，需要多长时间对其进行处理。

2014年一个晴朗的秋天，我的博士研究生，纪尧姆·拉马什-加尼翁（Guillaume Lamarche-Gagnon），从魁北克来了。在谈及冰盖下甲烷的命运时，他完美地阐述了时间长短的重要性。2015年，我们在格陵兰冰原上开展野外研究时，他开始了对甲烷的探索。纪尧姆在加拿大的农村长大，那里有很多树木，他喜欢操作链锯。因此，他在早春时第一次尝试性地探测了一下这种强大的气体。当时莱弗雷特冰川的河流仍然结着冰，他头朝下先进入了一个深洞，是从河冰里锯开的，他的腿像海豹的尾巴那样拍打着。他确实在洞底的融水中检测到了非常高水平的甲烷，认为是从冰川鼻下面渗出来的。纪尧姆继续证明了，在融化高峰期，从莱弗雷特冰川深处、黑暗的下腹排出融水的巨型河流也充满了甲烷，正因融水非常迅速地将甲烷从冰川床的沉积物中运出，运到冰川鼻，然后释放到大气中——消耗甲烷的甲烷氧化菌没有足够的时间干活儿。[45]

如果甲烷是先在冰盖退缩的边缘释放出来的话，可能会出现稍微不同的情况，例如一种我们可能称之为"甲烷渗漏"的情况——甲烷从沉积物里逃逸出来，通常由穿过岩石和沉积物的向上流动的流体携带着，进到上方的海洋中（目前的冰盖大部分被海洋包围）。2020 年，俄勒冈州立大学的一个小组在罗斯海的埃里布斯山附近，发现了"初次甲烷渗漏"现象，他们检测到高浓度的甲烷是通过沉积物渗出的流体出现在海底的。[46] 尽管与气候或冰川无关，甲烷渗漏现象讲述了一个非常有趣的故事。它于 2011 年首次观察到，但经过五年的研究，发现甲烷氧化菌只是在沉积物表面建立自己的领地——利用所有新释放的甲烷作为能源——它们当然无法在所有甲烷进入海洋之前都给氧化成二氧化碳。向海洋释放甲烷不是好消息。与纪尧姆在格陵兰岛的发现一起，似乎表明，在确定有多少甲烷可能从冰盖底部及其泥泞的环境释放到海洋或大气中这个问题上，时间至关重要。

你要是在像麦克默多干谷这样的地方度过一些时光，就会很难去想象极地地区快速而剧烈的变化所带来的影响——即使作为一名冰川学家也是如此。人像是被催眠了，总觉得失去了时间感，像是被悬在钟摆的尖尖上，有节奏地从一侧摇摆到另一侧，随着转瞬即逝的夏天过去，冬天以寒冷、黑暗的斗篷拥抱着大地。每天，在跋涉前往冰川的路上，我都会经过乔伊斯冰川前的凹凸不平的冰碛，就像池塘上的涟漪一样——证明冰川鼻曾经向前推进，即使现在它看起来如此沉默一动不动。然后是散落在冰川河底端平原上的岩石，它们被风侵蚀了数千年，形成超凡脱俗的雕塑。有一块石头，我将其命名为"大笑者"，就像一个人的脸从灰色的沙子中升起，转了 90 度，仰面躺着，眼窝空洞，嘴巴张开，仿佛在发出最后的嘲讽——就像来自远方的使者，提醒我生命是徒劳的转瞬即逝，一切都在改变。

　　然而，在数周阴沉的日子之后，短暂的阳光会让整个冰川表面的管道系统充满生机，富含营养的水从干涸的山谷中喷涌而出，激起生命在冰雪覆盖的湖泊中绽放——变化的速度将从慢变快。这两个时间尺度并不像听起来那样不可调和，因为地球对气候变暖的自然反应既包括缓慢、渐进的变化（我们通常称之为线性变化），也包括快速、加速（非线性）的变化，其特征是跨越临界点的危急时刻。对人类来说，最大的恐惧是，我们正在接近格陵兰和南极冰盖的临界点。

　　在麦克默多干谷的时光确实让我学到了一些关于生命脆弱的严酷教训——没有比饥饿的小阿德利企鹅偶然闯入我们营地的故事更令人心酸的了。协议规定我们不能为他做任何事——最终，经过几天狂热地扇动翅膀试图引起我们的注意之后，他放弃了。一天，他摇摇晃晃地走了。这在一定程度上是一种解脱，因为看到一只我们无法拯救的可怜动物每天都在折磨我们的良心。然后，几天后，我徒步穿越湖冰去冰川，在离路边几米的地方发现了他的小尸体。这个可爱的、可笑的生物，之前还那么活泼，现在已经不复存在了，生命之火都熄灭了，他那双乌黑的眼睛在他的白色裹尸布上变得迟钝。随后，我看着他一天天变小，饥饿的贼鸥一个接一个地啄咬着他。每次我们经过时，我的胃都在收紧，想挪开目光，但最后总是看着他。

　　在很多方面，这只孤独的小企鹅的命运，让我想起了生命的短暂，那种可以毫无征兆地迅速吞噬你的悲伤。最后，大自然往往总是赢家——我们可以放慢它的速度，暂时改变它的路径，但最终我们无能为力。尽管我很担心，但当我从南极回来时，我的母亲仍然和我们在一起，而那个特殊的结局要到三年之后了——这是我无法阻止的另一个结果。干预与否，无论做什么或不做什么，自然最终都会顺其自然。

第三部分

冰之阴影

第五章　小心格罗夫！ *

巴塔哥尼亚

荒野中，你只能栖身于头顶一两英尺高处一层轻薄紧绷的帆布下方，这时你可能根本无法合眼，还可能会被黑暗中某种奇怪的轰鸣和碰撞声惊扰——但也会感到与某种比你庞大得多的存在产生连接。谁知道这种巨大的存在是什么呢？它叫什么呢？关键是，我们人类总是渴望与之相连。有一两年，我痛苦地与自己、与冰川都失去了关联，而巴塔哥尼亚是我们重新连接的地方。2016年8月，在智利的深冬里，我第一次来到巴塔哥尼亚。营地靠近斯蒂芬冰川（Steffen Glacier）前锋，它像是巴塔哥尼亚两座巨大冰原的最北部底端伸出的一条细长冰川鼻。那天晚上，我在狭小的露营帐篷里断断续续地打着瞌睡，雨水的撞击声十分震撼，仍让我警觉。

清晨，响声消散，我朝帐篷外望去，想着上天总算关掉了闸门。但柔软的雪花悄悄降落在被雨水浸透的地面上。今天不想起

---

* 格罗夫是"冰湖溃决洪水"（Glacier Lake Outburst Flood）的英文首字母缩写，同英文单词"高尔夫"。

床。靴子湿了，湿了好几天了，大部分衣服都潮乎乎的。我很不情愿地打开了帐篷的门，让里外空气流通，却被壮观的景色震撼到，以为自己在另外一个世界醒来。营地积不住雪，地面温度太高，无法安放冰冻的雪片。树木覆盖的斜坡上，飘着浓厚的云毯。云一直在移动、变幻，细微的云边在厚厚的树冠层上嬉戏，仿佛晦暗房间里一束熏香飘曳的烟尾。我注视着，沉醉在云的摇曳中，它们幽灵般的身影在树与冰的剧场上漫舞。

慢慢地，云层西边裂开一个口子，蓝色天光泻出，雨雪之帘缓缓拉上，黑白分明、蚀刻般的庞然山脉跃入眼前。山脉两侧各有清晰如水印般的线条，是低空中雨和雪的边界。隐约可见的平整花岗岩，见证了2万年前铺在巴塔哥尼亚上的更大冰盖。经过冰川挪移千万年的侵蚀，山腰常常像纸袋子一样起皱卷边，盖着耀眼的雪堆。通常，山体各面都被冰掩盖时，会有平滑岩石与粗糙岩石同时并存、对比强烈的情况，这体现了冰川塑造景观的两个重要过程。磨损作用（abrasion）有点像砂纸打磨，会出现在上游侧：冰川碾过障碍物，底面在压力下融化；刨蚀作用（plucking or quarrying）通常出现在下游侧：冰川融水漫过岩石裂缝，压力释放时水冻结——岩石会因此变脆、碎裂，在冰川下滑时，这些岩石碎片最终从山体脱落。

你可能以为我巴塔哥尼亚之行的准备会很充分，毕竟我探访冰川已经持续20多年了——但并没有。此行第一夜，是在巴塔哥尼亚北部冰原边上的帆布帐篷里度过的，而我人生中从来没有那么冷过。我带的是一顶崭新且贵得离谱的帐篷，来了却发现它完全不透气。这顶帐篷深色的外帐就铺在我鼻孔上方一根带箍的帐杆上，晚上随着我呼吸出水汽，帐篷四壁上凝结的水珠有节奏地砰砰砸到我的羽绒睡袋上。除了帐篷，羽绒睡袋也不怎么合适巴塔哥尼亚——对格陵兰（典型的极地荒漠）来说可谓完美，但在到处都潮湿的地方就很糟糕。即使是花重金购买的最新材质"疏水羽绒"的睡袋，也毫无用处，晚上甚至因为吸收了上面掉落的水滴而变得更重。我把尽可能多的衣服裹在身上保暖，终于到了灰色的破晓时分，我已经从里到外都冻麻了。两只安第斯神鹫在头上盘旋。冬天的时候，它们常常在这片高原上等待一些生物毙命——我敢说我就是它们觊觎的对象。

我哆嗦着从铝箱里翻出一只小炉子，一些咖啡豆，渴望咖啡因能把我从困顿中唤醒。同伴乔·霍金斯（Jon Hawkings）看到我筋疲力尽，递给我一只薄薄的短袜，权且当作咖啡滤纸。深色的液体从袜缝里嘀嗒而下，终于集满了一小杯。我把这天堂般香浓的珍酿举到嘴边，闭上眼睛，深深吸入，享受着它让我重回人间的美妙。感谢上帝，我想，今天我大概能干点有用的事了。

正如我的寒冷、潮湿的夜晚所呈现的，巴塔哥尼亚是一片水之地，且水的形态颇为多样。这片细长的银色土地，沿太平洋从南纬37度延伸到55度，跨越智利和阿根廷的国界，长度是同纬度新西兰的两倍，气候也相似（更不用提冰川）。扫过太平洋的南半球西风给巴塔哥尼亚带来了充足的水汽。这些水汽又被无穷无尽的暴风雨送到海岸边，然后急剧上升到安第斯山山顶，凝成雪降落在两块巨大的冰原上。于是，巴塔哥尼亚北部和南部形成了南半球南极洲之外最大的冰原。降雪形成的冰冷的褶皱覆盖在尖锐的花岗岩山峰上，滋养了成百上千的冰川一路浩荡伸向海平面。南部冰原占全部面积的四分之三，南北合起来，总共有欧洲的阿尔卑斯山脉的 40 倍大。[1] 但是，因其地处偏远和气候严酷，我们对它们所知甚少。

巴塔哥尼亚海岸区的降水量远超人们的理解——每年 5000 到 1 万毫米（是的，就是 5 到 10 米的水层，包括了降雨和降雪）。[2] 为了便于理解，我们看看别的城市：布里斯托每年的降水量是其十分之一，伦敦大概二十分之一——不管你相信与否，英国是个相对干燥的国家。南半球盛行西风带决定了巴塔哥尼亚甚至整个南半球的天气。大概 2 万年前的上一个盛冰期，比现在还冷的南极洲把这股持续的风推向北边的巴塔哥尼亚，扩大了降雨降雪区，并为 2000 公里长的庞大的巴塔哥尼亚冰盖提供了冰雪上的支持。彼时海洋和空气也更为寒凉，有利于巴塔哥尼亚冰川的生长。1.8 万年前冰期结束时，盛行西风带往南极洲退去，致使巴塔哥尼亚冰川突然回缩，最终形成了我们目前看到的两个较小冰原，以及遥远南边的达尔文山脉（Cordillera Darwin）的高山冰川。[3]

因为这些无情的西风，巴塔哥尼亚冰川西翼接受的雪量巨大——一条厚达 30 米的毯子，那里正是湿润的风升起撞到安第斯山峰顶的地方。[4] 跟瑞士阿尔卑斯山脉的上阿罗拉冰川一样，这些冰川底部潮湿，借助这片润滑水层，冰川得以滑向海洋。这种特性，加上惊人的降雪量，造就了世界上移动最快的冰川：几乎以每天几十米或每年 10 公里的速度奔驰。[5] 它们得迅速漂移，上部的雪才能流动到底部。就像挤一管牙膏一样，在每年增加 10 米雪的压力下——雪牙膏从管口快速流出。因为这种迅速漂移，巴塔哥尼亚冰川冰舌的裂口丛生，混着碎块的冰体一路蔓延至海岸平原，包裹住茂密的温带雨林。不过大部分巴塔哥尼亚冰川并没有欣欣向荣，过去 50 多年来，冰川以世界纪录级的速度流失。目前表层每年丧失 1 米的冰雪，这是冰川质量损失的世界最快之一。[6]

至于为什么巴塔哥尼亚冰川会陷入这种困境？一个原因是，它们总是愉快地冲向海平面——冰舌已经位于暖而温和的气候中。这些冰舌大部分去往南部冰原的西侧海洋。这种冰川损失最为惨重，它们不只是表面融化，冰舌也会在温暖海水中消融，冰川底端会像在格陵兰和南极那样崩解入海。南部冰原的豪尔赫·蒙特冰川（Jorge Montt Glacier，要以巴塔哥尼亚南部的厚重口音，用喉音念成豪尔赫，而不是“乔治”，我初到智利时就念成了“乔治”），是这种现象最为强烈的例子。20 世纪 80 年代以来，这座冰川已经退缩了 10 公里[7]——比上阿罗拉冰川或斯瓦尔巴群岛的布雷恩冰川的退缩速度快 10 倍。

虽然这种情况在南部冰原的阿根廷那边也不乐观，但大部分还是发生在北部冰原，冰川并没有抵达海洋，而是在陆地上终结。很多这种冰川前锋现在陷入了大型湖泊中，而这些湖泊正是退缩的冰川快速形成的。冰川为造湖创造了完美的条件——它们漂移时掘开地面，刨出空洞。如果就在原处停留一会儿，不前进不后退，所有这些被侵蚀而成的碎片会脱离冰体，堆积形成冰碛石——一道高出地面由砾石泥浆形成的山脊，像大坝一样让融雪水聚集于此。巴塔哥尼亚冰川退缩到了平坦的海岸平原上，所以融雪水不需要多大力气就能汇聚在凹陷处和更多的冰碛石大坝里。因此，巴塔哥尼亚湖泊的密度比南美洲别的地方都高，自 20 世纪80 年代以来，南部出现了超过 1 千个新湖泊，大部分都是因为冰川消退。[8]

湖泊数量大增，不是巴塔哥尼亚特有的——在格陵兰[9]和喜马拉雅东部（尼泊尔和不丹）[10]冰川退缩处也有发生。这正是冰川衰退的悲剧螺旋的其中一环。冰川退缩，制造出湖泊，漂浮在湖泊上的冰舌变得不稳定，它们开裂解体，冰川退得越来越快，湖泊越来越大，如此循环。直到一座冰川退到更高处，与湖泊脱离，这种循环才能停止。

气候、冰和水的这种复杂交错是我前往巴塔哥尼亚的一个科研目标，但并不能完全解释 2016 年的冬天为什么我会在斯蒂夫冰川边上一顶不起眼的帐篷里瑟瑟发抖。自那以后我常常问自己——是我发现了巴塔哥尼亚还是它发现了我？因为事实上，在我需要的时候，它朝我奔来（如同生命中很多别的事一样）。10 年来我在地球两极不断锤炼自己，想搞清楚这片伟大冰原的内在运转机制，努力待在这片领域的最前沿。作为带领团队研究大陆冰的极少数女性之一，我总感觉我得比男性同行更努力才能成功——所以肯定得咬紧牙关。

我爱过格陵兰，以及它带来的挑战之艰巨；对我来说，这些挑战让我上瘾。对于似乎无解的问题，我不停地渴求越来越极端的体验以寻找答案，这意味着，格陵兰的"打击"更难释怀。这种

　　　　聆听冰川：冒险、荒野和生命的故事

追寻还无比昂贵——得用很多直升机——而且对科学家来说也太过繁忙。竞争加剧，经费申请也变得很棘手，对资金提案的拒绝越来越快也越来越多。而这时我仍然有很多没有答案的问题，包括冰川向陆地的进军对海洋生物和鱼类的影响是什么，对人类的影响是什么。作为一位科学家，这种大问题能占据你的心智，有时还会威胁到身心健康。

然后，2015 年的一天，英国国家自然环境研究委员会放出一个英国和智利的联合项目的资金申请，该项目正好是针对世界上冰川变化最快的区域巴塔哥尼亚的这些问题的研究。太好了，我想，当时并没有注意到离截止日期不到三周了，而且我连一个智利人都不认识，对巴塔哥尼亚几乎一无所知。

但是，我仍然感觉这是我最后的机会。两年前，我母亲与癌症战斗了 7 年后逝世，自此后我一直艰难地去理解失去她的痛楚和寻找我在世界上的新位置。41 岁高龄时，我人生中突然第一次深刻地、无法抑制地，渴望拥有我自己的家庭和孩子——创造一个我自己的小集体。我有一段稳定的恋情，我的冰川工作在母亲过世后被置于第二位——所以这并不是一种完全突兀的渴望。"养条狗陪你"的事我也已经做过了，虽然，像生命中其他事一样，我选择了困难的方式，从威尔士的一个农场救了一条饿得半死的拉布拉多犬波比，她是枪猎犬巡回赛的失败者。波比教会我很多事，最重要的是耐心。我收养她的时候，她因为恐惧，对其他狗、男人（尤其是穿深色运动无袖衫的）、自行车、公交车都很有攻击性，而且不能把她单独留在家里——我不得不请假一个月，免得我家被她撕毁。

一般来说，我一旦确定了一个目标，就会用尽所有力气，不达目的不罢休——因此，在智利基金申请之前不久，我发现自己怀孕了。好了，虽然我一直是个自由的灵魂，但还是很恐慌，怕自己再也不能去冰川，然后就会失去最本质的自我。我怎么能协调好冰川学和做一个妈妈？我那时并不知道，但突然十分绝望，想要在小孩落地之前，守住我最后一个冰川项目的基金。

接下来两周，我疯狂地折磨朋友和同事们，问他们在世界另一边有没有认识的人，而且不可自拔地阅读所有关于巴塔哥尼亚的论文。对这片区域和它冰蚀峡湾裂痕累累的海岸线了解得越多，我就越渴望去探索冰川极速退缩如何同时影响它壮观的环境和上面的人。我差不多组织起智利和英国两国的一小群合作者，夜以继日地忙着基金申请。怀孕 12 周时我流产了，这让我更加强烈地想拿到这个基金。我陷入哀悼和悲痛的漩涡，恋情也随情绪一起步入深渊。为了逃离，我需要与冰川重新相连，过去 20 多年都是冰川让我满怀激情。幸运的是，我的基金申请获批了——它排第一——于是我去了巴塔哥尼亚。

斯蒂芬冰川跟安道尔面积相当，它源自巴塔哥尼亚北部冰原底部，由德国地理学家汉斯·斯蒂芬（Hans Steffen）发现。19世纪 90 年代，斯蒂芬由智利政府雇佣来探索艾森（Aysén）地区与阿根廷有争议的区域。除了一小群帮着管理森林或以服务路过的游客来谋生的强健的智利"定居者"外，该地区无人居住。去往该地的困难，更增添了冰川的魅力。从英国我需要两次航程抵达智利南部的科伊艾克（Coyhaique）——耗时 16 小时——然后乘坐一辆皮卡，在著名的智利南方卡雷特拉公路（Carretera Austral）上颠簸两天，这条偏远的南方公路基本上连柏油都没有铺。这条路始建于 20 世纪 70 年代晚期，是奥古斯托·皮诺切特（Augusto Pinochet）专政下为了控制南方地区而建，这条漫长曲折的道路的主干线花了 15 年才完工，最后达到了两块冰原的缝隙处；确实，皮诺切特曾有过将这条道路延伸道冰原上的雄心，但事实证明这野心太大 [11]。如今，南方公路连接起了散布在巴塔哥尼亚各地的 200 万人口，在 1000 公里宽的荒野上蜿蜒，是世界上最惊艳的高速公路之一。它掠过峡湾、隧道和海湾，一路被暴雨冲刷，正是这些暴雨浇灌出了繁茂绿色——从光藓到银白色的松萝凤梨，到疯长的蕨类，还有冰川河里柔软的泥灰土，与炭黑色的天空遥遥相对。

我有幸从头到尾驶过这条路——绝对是难忘之旅。从北边繁忙的港口城市蒙特港（Puerto Montt）出发，水边一圈圈的是三文鱼养殖场，这条路绕着险峻的峡湾，缀着厚厚的温带雨林，进入克乌拉特国家公园（Queulat National Park）时，雨林变得令人生畏地稠密，这条路蜿蜒而上越过群山。不久，你会突然进入一处看似受人类影响较大的地区，宽阔的草原中间诡异地散布着 20 世纪初期遗留下来的烧焦的树桩的残块，当时森林被砍伐清空，让位给牛羊和马群。（跟其他南美国家不一样，智利的养牛业自此衰落了。因为地处偏远，经济上并不划算。）科伊艾克南部，便是冰之地——温度骤降，路更崎岖，四面环绕着顶着冰与雪的花岗岩台。

这里是潮湿的安第斯山脉和东部地区的隐形边界，在这里，空气中的潮气一散而光，土地干燥，展现为柔软、梦幻般的草原——巴塔哥尼亚大草原。

继续往南，你就到了巴塔哥尼亚最遥远的角落，靠近两片冰原。这里的路边建有很多小木屋，轻快交错的栅栏把屋子包围起来，隔成马棚和羊圈。我们从卡雷特拉公路上离开，来到峡湾旁沿山而建的小村托特尔（Tortel），整个村子冷清地建于高架的木桩上。直到2003年，这个小村庄才通过卡雷特拉公路与智利其他地方连通。村里没有路，只有水上晃悠悠的木板走道。这里是500多名村民的家，他们靠渔业和伐木为生，夏天也会接待游客。这里还有数量可观的半野生狗。第一次到托特尔时，我遇到一只华丽且精神抖擞的杂交柯利牧羊犬。他很有趣，热情地把我扑倒在地板上跟我玩耍。一年后，我发现他有点跛脚，还有一个很惨烈的伤疤，看起来像半边脸被啃掉了。冬天是很艰难的，旅游业停歇，在托特尔游荡的狗群食物稀少。不过，这仍然让我很伤心。

我不是那种可以静坐很久的人，去往斯蒂芬冰川的行程漫长而拖拉，最初那段被困于金属外壳里的哐哐当当的旅程，让我有点抓狂，但最后，在托特尔，我可以踏上小船，驶入贝克河（Río Baker）进入峡湾迷宫。每次到这里，我都很享受把我们巨大的金属板条箱拖过船边放在湿乎乎的甲板上，鼻孔呼吸着柴油和沼泽的浓重味道；在卡车后座像人形折纸一样叠了两天之后，我的肌肉很高兴能伸展伸展。一离开海岸，行驶在贝克湖光滑油感的绿色湖水中，我情绪高涨，肺部充满了纯粹的饱含水汽的海洋空气。"呼吸，呼吸，呼吸。"一个轻柔的声音会朝我低语，我在开放的船舱里待着，观望着混浊的海洋被来自冰川的泥沙包裹，船尾扬起的白色泡沫和山上的深色森林遥相对应。

最后一程需要徒步，马帮用一群半野生的马把设备从船上搬运到冰川边的营地。马群是巴塔哥尼亚生命的一部分，是这个严酷地区的象征，它们完全融入暴风肆虐的环境，不管遇到什么样的条件都能安然处之。不需要它们干活的时候，它们就在冰前的灌丛里自由牧食，津津有味地咀嚼着灌木、苔藓和粗草；我们发现它们在矮桦树林里游荡，对任何可能的风吹草动都保持警觉。它们的蹄子通常都有裂口，它们会对任何要求低头接受。我为此黯然——多年来，我一直很享受人类和马在灵魂层面的连接。有一次我去迎接搬运装备的动物，那是一匹有着善良眼睛和温柔举止的栗色马；我对他的生命好奇，他从哪里来，如果他会说我的语言或者我会说讲他的语言，他会给我讲出什么样的故事。我朝他走去，把头靠在他的脖子上，我湿冷的鼻子埋在他粗粗的皮毛上，用手指轻轻在他下巴下面揉搓，在他竖起的耳边轻轻地哼唱，他逐渐放松下来。他靠近我，我也靠近他。我闻到他潮湿的皮毛里深深的霉味，感觉我脸上轻柔的雨滴，还有他血液的温暖。我们如慢动作般连接在一起，时间仿佛停止。

你看，巴塔哥尼亚的生命都很从容缓慢。你早上10点安排了什么事的话，很可能会中午才完成；如果你计划开车到别的地方去，路会因为山崩而暂行。这会迫使你放手，你眼前是什么情况你就跟着走。不会被电话、网络，电子邮件捆绑；只有现在，没有未来，没有过去。该到的时候就到了。我总是想干得更多、更快，但对于之前经历过的灰暗阴郁的一年来说，巴塔哥尼亚是让我恢复平衡的砝码。

不过，我仍然聚焦在一个很具体的目标，就是研究从斯蒂芬冰川流出了多少水，搞清楚这是怎么发生的，它怎么倾泻而下流入峡湾。自20世纪80年代以来的几十年，斯蒂芬冰川前锋退缩了4公里，湖泊大量增长。冰川深浅各异的阴影投在猛烈扩张的水面上，挡住了视线，从湖边看，现在几乎都看不见冰川了。

我永远不会忘记第一次在隆冬时节行至斯蒂芬冰川边的情景。环境的艰苦是它的魅力的一部分；缺乏睡眠和寒冷只是让我对水域的美和剧烈变幻更加敏锐，也对糟糕的天气更敏感。我很快就意识到，考虑到这种极端的条件，在偏远地区进行这样长期的扎营任务，可不是人们一般会在巴塔哥尼亚干的事儿。我认为，研究这里萎缩的冰川和激增的湖泊最好的方式，是在接收斯蒂芬冰川水形成的河边设立一个小营地。低矮的冰舌从高地蜿蜒下，在冰川退缩的短短几十年里，融水在冰川前形成了巨大的湖泊。我注意到，在给新的智利合作者们阐述我们的计划时，他们会扬起眉毛——当然，他们对我们可能遭遇的恶劣天气有深刻的认识，而我们对此则毫不知情。

幸运的是，一个小研究机构，巴塔哥尼亚地理生态研究中心，十分照顾我们。中心主任是态度随和的乔瓦尼·达内里（Giovanni Daneri），他帮我们安排车辆、马匹、船只和其他通往营地的主要物资——然后时不时确认一下我们还活着。之后我们得知，人们一般不会在这里连续安营扎寨好几个月，我们因此在本区域拥有了亲切的称呼"布里斯托人"，还获得了民俗传说般的地位。后来还听说，当我们搬来巨大而神秘的铝合金箱子和采样瓶的时候，当地人确实有点牢骚。

2016年8月一个潮湿的清晨，我从断断续续的睡眠中醒来。我们布里斯托人的营地，只是一堆帐篷杂乱地挤在沙质的干枯河道上，附近是茂密的温带雨林。在糟糕的帆布帐篷下度过第一夜之后，为了避免持续的雨水，还有保证冬天也可以生火，我们把适合格陵兰高山的圆顶帐篷换成了印第安圆锥形帐篷。一两个月后，我们的野外帐篷承受了布里斯托一年的雨水量。从远处看去，营地像一个豪华的野营假日公园——直到你走进其中一顶帐篷，会发现我们在里面搭建了一个小型实验室，由太阳能板供电，至少我们是这么打算的，但后来意识到，在这里太阳很少露面。

第一次在隆冬考察斯蒂芬冰川时，我震惊地发现马驼鹿河（Río Huemules，以当地的一种鹿命名）欢快地翻腾过沙质平原，沿着我们营地旁光滑陡峭的基岩河道流淌而下。每一处我到过的冰川，到冬天水流几乎都会停止，河流冻结，一直沉睡至融雪水召回春天的生机。而巴塔哥尼亚的冬天，从第一个湿透的夜晚我就明白，还会下很多雨，冰舌太靠近海平面，它们会持续融化。这不是我所期待的，这意味着我们得测量河流的容积——它的径流量——需要从年初测到年尾。当然我们不能一直都在那；我们得依靠放置在河里的设备。

我听说了斯蒂芬冰川河发狂时的惊险故事——一旦被卷进

第五章　小心格罗夫！　　　　　　　　　　　　　　139

去，必死无疑。就在一两年前，两位智利科学家乘小船，尝试在马驼鹿河里航行时丧生——他们的目的跟我们一样，安装一些测水流量的设备。可想而知，智利同行们十分担心我们的方案。第一眼看到河的时候，我确实在想，要去那里干活，我们是疯了吗？

但我们真的去了，开始尝试计算河里的水量。测量水深的理想地点正是那只不幸的智利团队去过的点。我们要用金属螺栓把传感器固定在河道花岗岩壁上，灰色的岩壁坚硬而光滑。从营地翻过一座山就到河边，这活儿听起来很简单。但巴塔哥尼亚的温带雨林具有一种需要谨慎对待的力量。降水丰富的一个结果就是，它滋养了丰盛的生命，你可以想到每一种植被都伸展着层层叠叠的茂盛树冠，最上面的便是南青冈雄伟的顶盖。下雨的时候，整片森林如开启一场淋浴，越来越大的水滴从树冠上淋下来落入浸透的地面。

作为一名冰川学家，我并不经常跟树打交道。我第一次尝试深入这片森林的黑暗中是跟乔·霍金斯一起，乔关于冰川释放铁让海洋变得更有营养的发现，让他被称为格陵兰冰原的"钢铁侠"。现在他急切地想知道，巴塔哥尼亚冰川是不是也存在类似的营养工厂。幸运的是，乔和我发现了一条多年前被开辟出来的道路的痕迹——虽然没有成材树那样大的障碍物，但乱七八糟的蕨类、杂草，还有如绿色火箭一样蹦出各种小树苗把这条路堵死了。我们很快就在大丛绿色中迷路了。"杰玛，我觉得我们又找不着那条路了。"又撞到一条死路时乔无数次这样朝我吼到。这是一块神秘的地方，我能想象偶然钻到一个洞里，又从完全不同的地方冒出来；

我感觉我形成了一种穴居动物，低头弓背，一直朝前挖掘隧道，寻找着另外一边有着树木规律排成排的另外一个世界。

除了多得让人窒息的植被之外，我极少在森林里感觉到有这么多生命——我发现有一种生物到处都是。这是一种鸟，智利窜鸟（*Scelorchilus rubecula*），原产自智利和阿根廷，喜欢躲在林下灌木里。它像一只大个的欧亚鸲，炫耀着自己黄褐色的圆形胸部，发出的一连串的声音，在树木山谷里回响。这种萦绕不绝的声音——有的近有的远——已嵌入了巴塔哥尼亚的感知系统里。达尔文描述这种窜鸟的时候写道："这种鸟的歌声，似乎跟鸟本身一样，相当难以琢磨，你只能找到某种不恰当的比喻来形容它，而不能确切地进行描述。"一个世纪以后，智利诗人巴勃罗·聂鲁达在他的诗歌集《漫歌集》（*Canto General*）[12] 里构想了这种鸟和它的栖息地：

> 寒冷的繁多的叶丛里，突然响起
> 丘卡奥的声音，好似什么都不存在，
> 只有这个鸣声集结了所有的孤寂。
> 这鸣声颤动对阴郁地在我的马上经过，
> 比飞翔还要缓慢，还要深沉。我停住了。
> 它在哪里，这是些什么日子？
> 活着的一切都在那个消逝的季节奔跑，
> 窗户外雨淋的世界，恶劣天气里
> 睁着一双血红火眼逡巡的豹子，
> 无数河流，在浸透了美的绿色的隧道里

流归的大海，那种孤独，还有榛树下

爱着最年轻的那个人的吻，都突然升起；

这时候，丛林里，丘卡奥的啼鸣

以它的湿润的音律迎我而来。[*]

有时我很幸运，能看到窜鸟在路边跳跃，好奇地盯着我。不过一般情况下，窜鸟还是待在自己的地盘。我开始爱上这种身小胆大的鸟，它们悄悄在灌木下踱步，但叫声如此洪亮，你会以为是某些大型的鸟类。斯蒂芬营地天亮的时候，我总能欣赏到它们的歌声，几乎可以想象歌词是这样的："现在是早上了呢，可能会下雪呀，但你还得继续走，去往河边……"

窜鸟灌丛之家的另一边，情况则完全相反——有点像一场激情四射的锐舞派对后的放松室。光滑的基岩从森林边缘延伸到河堤，如同阴影中巨鲸的圆背，水汩汩掠过马蹄形弯道，瓦灰色的表面在枯水期十分平静。一层柔软的苔藓绿毯附在这些冰塑岩石的上表面，它们在水位线以上1米左右消失这证实了一个事实：冰川融化加快时，河道水流越来越高，苔藓的孢子们都被一扫而空，无法驻扎在这些全是沙的海岸上。所以我们需要在冬天安装设备——因为到了夏天，所有的一切都会沉入水下。

比起开疆破土似地穿过森林，这里的工作只是一阵和风，我

---

[*]   引自《聂鲁达：诗歌总集》，1984年上海文艺出版社出版，第416页。而关于窜鸟的声音，作者可能用的是《"小猎犬"号航海记》比较早期的版本，后期版本有删节。

们甚至会花好几个小时平静地蹚着水，用扳手和岩石钻机，把传感器接在水位线下的鲸背形石头上。这些科学仪器是独立设备，每半小时就会自动读取数据：它们大概有一英尺长，像拉长的金属子弹一样；里面封装了电池、记录器和不同的传感器，有些是测量河流的温度和径流量，还有一些记录水里的沉淀物和可溶性化学物质。过了一年，我们去回收传感器的数据时，发现冬天的径流量——就如苔藓生长位置所示——大概是夏天的四分之一。即使在流量最低点，总量跟伦敦泰晤士河一样，对冰川河来说是相当高的。冰川河被倾盆大雨浇灌着，被冰川融化滴灌着，以一个相当平稳的水平波动。但是到了夏天，情况就会变得疯狂。

我听说过一种叫"格罗夫"的东西的传言——这个名字很好笑，让我想起那种住在岩石里，有着扭曲面孔的喜怒无常的小精灵。小心格罗夫！格罗夫确实是非常需要小心的——这是"冰湖溃决洪水"的首字母缩写。这种现象在融雪水聚集成湖的退缩冰川地貌中已经非常常见。这些湖泊本身就不稳定，它们的河岸至少一边是冰，其他边是冰碛石的岩石碎片。湖泊溢满时，水会突破冰岸，爆发式地一拥而下，肆虐地碾过附近的村庄。

之前就有人提到过，斯蒂芬冰川区域里就有湖泊溃决了，河流水位上升了好几米，把流过之地全部扫荡淹没；还有本地居民的惊险报告，有一次洪水流过的时候，他们的羊卡在树上了。听起来很恐怖。我们后来发现，尽管营地驻扎在平坦的沙地上，看起来很完美，但实际上却是格罗夫的泛滥河道——幸运的是，随着主河道向下侵蚀，这部分变得冗余，派不上用场了。虽然在马驼鹿河岸边的帐篷里窝了好几个月，冬天夏天都待过，但我们从没遇到过格罗夫——不过安放在冰川河中的装置遇到了。数据显示，一个夏天，就可以发生一两次这种疯狂的格罗夫，一夜之间这条河从泰晤士变大了50多倍。格罗夫的规模大到难以置信——这些洪水都从哪儿来的？

我们在可以俯视河流的岩石高处安装了摄像机，一览整个洪水区域，就为了捕捉这些不可思议的洪水泛滥的图像。图片显示，有一天，这条河平稳地往下输送水流，第二天，它的水面抬高了8米左右，湍流漩涡在弯道处暴烈拍打岸边，形成疯狂翻滚的激流。通过对照同时期的卫星图片，我们确定了这些奔涌水流的源头。顺着陡峭山谷往上10公里，一个困在斯蒂芬冰川边缘的湖里，聚集了很多融雪水，到满溢时这些水会在冰川里冲出一条路来，这个湖大小接近英国湖区的德温特河（Derwent Water），你可以想象如此大的水体瞬间被清空，坎布里亚郡旅游协会可能有得解释了。另一次，格罗夫从冰川东部的一个湖泊汹涌而出，整个河谷全部被淹没，变成了闪着玻璃光泽的点缀着一些树之岛的地方，居民的木屋也葬身水下。

巴塔哥尼亚人口不多，所以格罗夫造成的损失相对较小。但在人口更加密集的世界其他地区，这些怪异的洪水对当地居民就是严重的威胁。有记录的最大的一次格罗夫发生在1941年，位于秘鲁的布兰卡山脉（Cordillera Blanca）。在这场灾难中，一个窝在冰碛石后面的湖泊帕拉科查（Palcacocha），因水太满，50米高的冰碛石大坝不堪重负而倒塌，巨量洪水波倾泻而出，摧毁了当地的瓦拉斯镇（Huaraz），几千人遇难。从那以后，秘鲁投入大量资金在结构工程的解决方案上，包括加固堤壁，安防排放管道排掉过量的融雪水，这些措施减少了格罗夫的发生，再也没有人员损失。[13]

全球范围来看，并不清楚格罗夫问题是得到了更好的解决还是情况变严重了。很多格罗夫是在 20 世纪 30 年代被观察到的，因为 19 世纪晚期的小冰期结束时，冰川随着气温变暖从终碛石上消退，冰湖开始变多。[14] 那之后，格罗夫事件频率下降，但是这可能部分反应了人类的干预和降低风险措施的实施，就像秘鲁的例子一样。但是，在冰川退缩处的河谷，冰湖还在继续增长；所以预测格罗夫和它的破坏力就很关键。记录了斯蒂芬冰川的洪水之后，我们放在这个地区水位线以下的小设备，现在被当地的水务管理机构用来了解（或者可以预测）极端事件。尽管格罗夫是相当猛烈的，但它只占了马驼鹿河十分之一的年流量，河水大部分还是来自常规的降雨和融冰。

我最喜欢的一个点在斯蒂芬冰川大冰碛石的边缘，它沿着南边的岸线把湖泊塑造成一个大大的咧嘴微笑。这些堆积的碎石标记了巴塔哥尼亚冰川的历史最高位置，大概是在 1870 年左右小冰期的时候形成的。[15] 爬上冰碛，寒冷的下降风从冰上咆哮而过，彰显着冰川的存在；从这里，我能看到快速移动的冰川舌，它的各种裂缝形成了成群闪烁的冰山，群山搁浅在平静的水域里，于巴塔哥尼亚的冰川河中沉思。

巴塔哥尼亚北部冰原外沿星星点点都是湖泊，牛奶色的湖水舔舐着冻结的冰舌，也为冰川创造了一块缓冲喘息之地。从很多意义上看，现在陷入陆地的这片巴塔哥尼亚冰原，可能是它邻近的南部冰原，以及格陵兰、阿拉斯加和南极洲冰川未来的写照。这些冰川的脚尖已经伸进了海洋，随着海洋变暖，它们正向内陆退缩。我在格陵兰和南极洲的研究告诉我，从冰川中涌现出的河流和冰山携带的有机碳和磷、硅、铁之类的营养物质，它们要不就在流水中溶解，要不就和从冰川床上侵蚀下来的漂浮在水中细小的岩石颗粒物结合在一起。它们也向我展示了这些泥沙微粒从陆地远道而来，穿过峡湾，甚至奔赴开阔广远的海洋，滋养海洋里微小的浮游植物。巴塔哥尼亚的情况是不是也是这样呢？这里的这些庞然蜿蜒的湖泊之网，对养分传送带又会有什么样不同的影响呢？

　　这些问题的答案将我们带回到斯瓦尔巴群岛以及关于水的化学记忆。如果融雪水在冰川之下流动时，可获得化学物质和沉淀物的踪迹，形成了一种自己的化学记忆，那么这些湖泊可以帮助融雪水"忘记"它的过往。当停滞于湖泊中——从小湖泊里逗留几天到在斯蒂芬冰川形成的湖泊那样大的地方待上几周或者几个月——那些冰川河床里碾磨出的颗粒物从水中消失，变成一层一层极细微的泥沉淀下来。这些湖像一种巨大的水体过滤器一样，河流从中穿过，水里的沉淀物和化学物质就被留在这里，从另外一端流出时成分就会发生变化。从斯蒂芬冰川湖泊里流出的河水，每一升水里含有的沉淀物颗粒总量，只有我研究过的其他冰川河水中物质的十分之一。[16]

　　开始你可能觉得，对巴塔哥尼亚的峡湾来说，这是好事——

　　　　　　　　　聆听冰川：冒险、荒野和生命的故事

就我们从格陵兰了解的，表层水里的颗粒物阻挡了对小型食物制造者浮游植物的光线供给。不幸的是，这些湖泊在降低颗粒的遮蔽效应上做得不够好，河水仍然浑浊。这是因为最小的颗粒物需要更久才能沉下去，没有那么快被"遗忘"，所以它们还是会令峡湾的水浑浊不少。另外，从巴塔哥尼亚冰川流出的浑浊的融雪水的量在持续增长，已经超过了湖泊可以捕捉颗粒物的容量。[17] 你可能会以为，自20世纪80年代起斯蒂芬冰川前巨大的湖泊不断增加，会加强湖泊捕捉颗粒物的效果，但实际上相反——在这期间，越来越多的水从冰川逃离，从马驼鹿河输出流往峡湾下游的细小颗粒物不断增加。在格陵兰，不管有没有湖泊，更多的冰融化带来更多的颗粒物。

从巴塔哥尼亚北部正在消失的冰川到南部尚丰富的冰川，峡湾表层水里浮游植物的生长越发萧条。当冰川融化把自己的颗粒物运往河里，就会制造一层浑浊的淡水，轻轻漂浮在海洋咸水上。[18] 这种淡水里，浮游植物需要氮和磷都很少；而淡水下的海水含氮。因此，对南部巴塔哥尼亚峡湾里的浮游植物来说，养分和光照都很缺乏，这也反过来影响了生命的种类和数量。更小型的浮游植物在这里苗壮生长，因为它们能在低养分情况下更好地生存。[19] 在这些南部地区，你可以想象，食物链更上端的大型生物比如鱼，能获得的食物少了很多。而你把视线从巴塔哥尼亚的峡湾转向开阔的海洋，那里颗粒物逐渐消散，科学家们在用显微镜观测海水时，可观察到更大的浮游植物，因为更多的光和海洋及河流的混合养分支持着它们的生长，尤其是一种由巴塔哥尼亚河流慷慨供应的养分——硅。[20]对硅藻这种生活在海洋里的大型浮游植物来说，硅就是它们的主要食物。硅藻围绕着自己的单细胞身体，用硅来制造漂亮的错综复杂的玻璃外壳。

巴塔哥尼亚有些地方很像格陵兰——融化的冰川决定了整个峡湾食物链的基础。但随着我们的气候逐渐变暖，会发生些什么呢？一方面，冰川融化渐增；有些地方这种融水甚至是河流的主要水源，过去几十年来随着气温升高，水流量也增加。[21]另一方面，对冰川融水依赖较小的那些河流在逐渐枯竭，因为携带大量湿气的南半球西风向南极移动，这很可能是人类行为诱发的一种大气变化。[22]巴塔哥尼亚最大的河流贝克河的下游河段，混浊的绿色河水流经托特尔，水流量自 20 世纪 80 年代以来已经减少了五分之一。[23]总的来说，这是一个让人费解的故事，也让我们对未来会发生什么的预测变得更加困难。在这个生机勃勃的水循环对所有生命形式都至关重要的地方，有一件事是确定的——一切都关联在一起。

跟所有的冰川探险一样，我去往巴塔哥尼亚寻找答案。我找到了一些答案，也引出了更多的问题。即便在这么遥远、艰苦，像世界尽头一样的地方，气候变暖的影响也如此醒目。冰川更孱弱，冰舌以创纪录的速度衰退，峡湾和它们护佑的所有生命都会付出代价。事实上，我们都会为此付出代价。

我最后一次去往这块雨水肆虐之地的时候，开始察觉到自己健康状况的变化，仿佛对这些多灾多难的冰川所经受的磨难感同身受一样。那是 2018 年 10 月末的短期旅程，要去河里下载一些我们设备的数据。不同于寻常的巴塔哥尼亚的天气，那些天天空澄澈，阳光猛照在我们沙地营地上，我因为回到这片与我重新连接的土地而狂喜不已。比起第一次来这里，我的装备完善多了——买了透气的帐篷和防潮睡袋。但一切仍然感觉很辛苦，我也不知道为什么。

一年多里，我一直头疼，是因为我一直在最不合适人体工学的地方——飞机上、火车上、沙发上，还是沙发上——用笔记本电脑的恶习引起的（我非常确定）。我是个工作狂，大部分工作狂随时随地都能干活。但现在，在斯蒂芬冰川，头疼更严重了。最后一天我必须拆掉营地帐篷，但蹲在地上让我非常痛苦，仿佛有一种灼热的疼痛射入头部。最后我像一只即将断气的动物，趴在泥地里，拔起一只帐篷钉，平躺下来，头疼欲裂，然后集中力气准备拔起另一只。这么简单的事，居然花了一个小时，最后我站都站不起来。还有笔记本电脑，我责骂自己——杰玛，你得解决这个事！

人生中第一次，背起装满的背包走出冰川的念头对我来说，似乎超出了我的掌控，变得难以实现。于是我被迫做了我的智利同事警告我绝对绝对不可以做的事。我乘了一艘行驶在马驼鹿河上的船。风险是明显的——这是一条危险而冰冷的河，其上还有湍流和险滩，而且它曾吞噬过生命。我让两个同伴，乔·霍金斯和我一个博士生亚历杭德拉·乌拉（Alejandra Urra）步行去两个小时脚程外的岸边接头点等着小船。随后小船到营地附近接我，在河湾中轰鸣。这艘黑色充气橡皮艇上坐满了人，包括当地的护林员唐·埃弗拉因（Don Efraín），他线条分明，历经风雨的脸一直被我当成巴塔哥尼亚的标志性形象印在脑海。坐上橡皮艇的时候我松了一口气，一路只是满足地看着周围。我们穿行在浑浊的河面上，经过我以前从未见过的木堤，还有满是泡沫的湍流，中间短暂停下来砍一些智利大叶草（*Gunnera tinctoria*）的茎秆，那是一种长着尖刺外形像大黄的可食植物。有人递给我一些，我完全不知道怎么吃，然后学会了一点小技巧，就是用牙齿把外面那些粗糙的皮剥掉，啃里面有点苦味的肉，小心会有汁液顺着下巴滴下来。

随遇而安，让水流带我前行，相信当地人的技巧，这种自由大概是生命中极有价值的一课。我确实安全离开了巴塔哥尼亚，虽然在强风中乘船到达托特尔的时候，发现我们的皮卡被戳破了，不能用了——这是我们在倾盆大雨中筋疲力尽时需要解决的另外一个问题。回家的漫长旅程反而让我得到了短暂的休息，我的头疼不知怎么减轻了。但我发现我放松得太早了。在伦敦希斯罗机场降落时，我从座位上起身，还没走出飞机就痛得晕倒了。我仍然不知道为什么——也许只是有点紧张？我决定不去担心。在一个月后，我才发现真正的原因。

第六章　白色冰河正在枯竭

印度－喜马拉雅山脉

灰暗幽冥的山中，大风卷起飘扬的雪花，像千万只飞虫翩翩起舞。我们在一块沙色巨砾下休息，尼泊尔向导们突然唱起歌来，梦幻般的吟唱声在山谷里回荡。我很佩服他们——就穿着一双运动鞋、卡其裤、薄薄的夹克，跳上冰川就像在爬短短的一截楼梯。而我只是静静站着，活动着眼睛盯着头顶上遥远的尖锐山峰——六千多米高，大概是我在阿尔卑斯山脉遇到的任何高山的两倍——我缩进厚厚的羊毛围巾里，徒劳地抵挡着刺骨寒冷。

我现在站在高耸的印度－喜马拉雅山脉西侧，兴都库什山脉（Hindu Kush）、喀喇昆仑山脉（Karakoram）和喜马拉雅山脉在这里交会——喜马拉雅以梵文的"雪之地"命名，hima 是"雪"的意思，alayah 是"住处"的意思。这片巨大山脉的顶峰像一条洒了蛋白酥的宽阔弧线横跨亚洲，从阿富汗和塔吉克斯坦开始，穿过巴基斯坦、印度、尼泊尔和不丹，最后止步于中国的青藏高原。西边，控制了北半球中纬度地区的盛行西风狠狠刮过喀喇昆仑山脉，在冬天带来雨雪。往东走，就会进入强劲的季风区，每年夏天大雨瓢泼，浇透印度、尼泊尔和其他亚洲国家。喜马拉雅山脉阻挡了北边温度更低的极地空气，在夏天给印度次大陆燃起烈焰。炎热的陆地和凉爽的印度洋上的热量差异，把湿热的海风吹向印度，形成大片云层，上升到高山上时云层爆裂。与之相反，北方地区，比如蒙古高原和中国西部的新疆，则降水稀少异常干燥。

喜马拉雅是除了极地外冰川覆盖面积最广阔的地区，也经常被称为"第三极"。与格陵兰和南极洲不同的是，这里巨大的冰盖覆盖下的是山峰和低谷，有超过 5 万条山谷冰川，从 8848 米几欲刺破天空的珠穆朗玛峰，一路蜿蜒向下。这些亚洲的"水塔"是该地区至关重要的资源，它们把水这种最基本的物质以冷冻的形式储存起来。春天来到，覆盖山脉的雪毯慢慢融化，到了夏天，一旦积雪消失，冰川融水又继续稳定地汇入河流。在喜马拉雅中部和东部，夏季季风带来的暴雨不仅增加了该地区山坡的降水量，而且在冰川高处变成雪，帮助冰川维持储量。[1] 融水和降雨也会深入地表，土壤像海绵一样吸水，再在山腰以泉水涌出。[2] 因此，雨水晚到的时节，可靠的冰川融水会持续流淌到下游。

就这样，喜马拉雅山脉像一系列"水龙头"一样，在不同时间开开关关，流出的水量最终汇聚在一起，供养穿过整个区域的 10 条大河。印度最醒目的是印度河、恒河，还有发源于中国的雅鲁藏布江，这些河流滋养了世界上最广阔的农业灌溉区，让最偏远地区的人们也得以存活。[3] 在喜马拉雅地区，水是其他一切的基础，这里包括农业、政治，甚至灵魂与宗教，而冰川正是这些的核心。但是，过去 50 年来，喜马拉雅冰川的气温每 10 年上升 0.2 度——看似不多，但如果 21 世纪持续如此的话，最终会打破 2015 年联合国气候大会达成的《巴黎协定》的承诺，到达预期升温的上限。这片山区生活着大约 2.5 亿人，如果算上生活在平原中的，会超过 10 亿人，他们某种程度上都依靠融水生存[4]，对他们来说，这意味着什么呢？

这是我第一次来到喜马拉雅，是一场意外的结果，你可能会觉得是幸运的意外，但我更觉得是一种魔法。2016 年秋天，我突然收到一封邮件，来自德里的贾瓦哈拉尔·尼赫鲁大学的教授阿尔·拉马纳坦（Al Ramanathan）——虽然我在英国的实验室可能招待过他的博士生，但我们素未谋面。他注意到印度政府和英国的基金机构合作的一个基金公告，想看看我是不是愿意一起申请。有点像那次申请巴塔哥尼亚的基金，只不过这次不是还有三周结束，而是只剩下一周就截止了。我问自己，怎么可能在这么短的时间里写出一份 20 页的申请书呢。但如此良机，怎能错过！我必须试试——于是我闭门谢客，又开启了 24 小时研究和写作的疯狂工作模式。

我发了一堆紧急邮件给靠谱的冰川学同僚们，看看他们有没有兴趣加入这个即兴项目。老搭档彼得·尼诺夫几乎立刻就回复了，和他一起的还有链锯同伙乔恩·特林（现在是纽卡斯特大学的讲师）、"钢铁侠"霍金斯以及出色的传感器研发者马特·莫勒姆一起并肩作战呢。我们眨眼间就把申请搞定了——6 个月后，奇迹发生，我们拿到了这个基金。

大概一年后的 2017 年 9 月，我们踏上了德里。这支队伍包括了我、乔恩、彼得、阿里克斯·比顿（Alex Beaton，马特的一位研究员，之前跟我们一起在格陵兰工作过），安德鲁·特德斯通（Andrew Tedstone，彼得的一位博士生）还有莎拉·廷吉（Sarah Tingey，布里斯托大学博士生，全能山地爱好者）。感觉跟老朋友相聚似的，我们从冰川学研究的不同世代和不同地点聚集在此，但这次跟以往的探险大相径庭。我们一到德里就慒了，这里酷热得令人窒息，空气中充满了从烤焦的柏油路和腐败的下水道到香料和汽油的混合味道，街上拥挤着人力车和响个不停的汽车——我们已经习惯了那些完全不合适人类居住的冰天雪地，一下子来到这里，感觉感官上都过载了。

　　我们安顿在一家雅致的都市小旅馆里，就坐落在时髦的豪兹哈斯区（Hauz Khas）一条狭窄小巷的墙边。第二天，拉马纳坦教授来看望我们。他出现在大厅里，咧嘴大笑——此前我们只是通过电子邮件沟通，现在他的热情和自信让我们马上安下心来。拉马教授（我们得这么称呼他，在印度科学界，人们执意要对教授们用尊称）跟他的副手兼后勤总管查特吉先生（Chatterjee）一起来的。印度团队为这个合作项目贡献了几十年在遥远的喜马拉雅冰川工作的丰硕成果，还有这些冰川的流通系统、维持情况和水流量方面的各种知识，我们受益良多。英国团队则带来了新的技术，帮助我们理解冰川怎么承载微生物，以及如何向下游的湖泊和河流释放碳和营养物质。在印度－喜马拉雅这片区域，像这种把各自的强项结合起来做研究差不多是史无前例的，我们这次短暂的旅程还只是一场尝试，看看能不能做出点更长期的成果来。

　　跟拉马教授和查特吉先生开了个碰头会，我们就发现了自己的第一个错误：设备带得太多了。载我们从德里飞到喜马偕尔邦（Himachal Pradesh）的小山镇默纳利（Manali）的小飞机，可携带行李的重量标准是每个人20公斤。在格陵兰的时候，我们可以把几吨重的装备塞进直升机舱，现在可完全不是那么回事。解决方法是，乔恩·特林和莎拉跟随司机和他的车，把剩下的装备打包运往默纳利。刚过半夜，他们就动身开启了14小时的车程奔赴目的地。他们拯救了本次野外考察。一到默纳利，我们就见到了印度团队剩下的人。最引人注目的是刚入学的博士生莫妮卡·沙玛（Monica Sharma），她从来没到过高山，更不用说冰川了，而硕士生索姆·米什拉（Som Mishra）已经参加过好几次野外冰川考察了。我们的团队一开始就不太顺利，因为我给大家预定的住处（用查特吉先生的话说）是"一个伊朗毒窝"而且"非常糟糕"。这家古怪的小旅馆位于镇上静谧古老的区域，细小鹅卵石铺就的路边生长着杂乱的大麻。光是闻味道就感觉要发狂了。旅馆外墙上的一块牌子上用闪烁绚丽的字写着：在这里我们都疯了。这大概是我人生第一次感觉来对了地方。但是这并不适合我们的印度同僚，他们决定去别的地方住……第一次外交任务失败。

从默纳利开始，我们印度—英国团队的所有10个人都钻进了卡车，背包和板条箱晃晃悠悠地绑在车顶上，加入了痛苦缓慢的军用车辆和卡车队列，缓慢地驶向海拔接近4000米的罗塘垭口（Rohtang Pass）。那里只在夏天开放一两个月。剩下的时间，天气太恶劣——也许这就是这个垭口名字的由来，在波斯语里它的意思是"死尸堆"，这冷酷地提醒着人们曾有累累冰冷尸骨。罗塘垭口是一道文化上的分水岭，南边是古卢山谷（Kullu Valley），印度教繁盛之地，北边则是信仰佛教的斯碧提和勒劳利山谷（Spiti and Lahaul），我们的目的地是北边。

　　垭口处飘扬着鲜艳明亮的藏族祈祷用的经幡，暗示着这种转变——不只是宗教性的，还体现在空气变得更稀薄了，我第一次感受这种变化是在穿过碎石地，想拍一张没有叽叽喳喳拥成一团的游客的照片的时候。从卡车上下来走了几步而已，我就喘不上气了，干冷的空气哽在喉咙后部，我开始咳嗽。过了罗塘，道路险恶之极——一连串的急转弯，大部分时候只是仅靠着一侧的悬崖，路上凹凸颠簸，我们在车上亦摇摆颤抖。2018 年的斯蒂芬冰川之旅结束后，我在回程的飞机上晕倒了。而一年前，在这里，在卡车猛烈的摇晃中，我的头开始剧痛，好像被什么从左猛地砸向右边。在咔咔响的旅程结束时，我感觉头要炸了。"肯定是海拔太高了。"我跟自己说。

　　最后一处停靠点，就在去往目的地乔塔希格里（Chhota Shigri）冰川的路上，到达的时候我们真是松了一口气。站直的话，我的头和脖子的疼痛就好很多。即便这样，我还是有点担忧——因为有个让人提心吊胆的传言说，说我们得横跨一个陡峭的峡谷才能达到冰川营地……过峡谷的时候，人在半空中一个小小的铁箱里的，一根金属线把深渊的两边连在一起，而载我们的铁箱的钢臂就挂在这根金属丝上。看我们估算着铁箱的大小时，印度朋友们都笑了。这严峻的考验我恐怕也不能避免，于是我赶紧跳了进去，竭力（但可能失败地）让自己保持镇定。

只一会儿，我就像一只困在笼子里的孤独动物，在深邃的峡谷上晃来晃去。这个铁盒子断断续续地从河岸一边滑到另一边，我长长地艰难地呼吸着，最后还是放弃了控制。到另一边的时候我朝其他人喊道："都是心理作用！"——但我自己都不怎么相信这声咆哮。我不是恐高的人，攀岩攀了15年。但攀岩的技巧在于控制——选好你的绳索和装备，决定好什么时候休息，什么时候往上攀爬。跨河则需要放弃这种掌控，是一种完全不同的感觉。

过了河，又经过了短暂而痛苦的爬坡，我们终于到了乔塔希格里冰川上的大本营，就在山谷边，是拉马教授建立的研究冰川的永久性小型研究站。乔塔希格里冰川在勒劳利方言里是"小冰川"的意思。——其实也不小，大概有9公里长，是瑞士上阿罗拉冰川的两倍，与喜马拉雅最长的冰川之一巴拉格里冰川（Bara Shigri，意思是大冰川）相邻 *。这两条冰川的融水都汇入了钱德拉河（Chandra River），就是我们之前在铁箱里摇摇摆摆跨过的河。两条冰川北边正对着克什米尔争议区。作为科学家，你需要印度的外交和内务部门的双重许可，才可以前往。（在实际操作中，如果获得了许可你会接到通知，如果被拒绝了你却无从知晓，不管怎样过程都是漫长曲折又隐秘的，所以很难做什么计划。）莎拉和我，显然是被允许前往的第一批西方女性……

正是乔塔希格里冰川水的传说激发了我的兴趣——它的漫

---

* 喜马拉雅最长的冰川是热母（Zemu Glacier）冰川，长度达28公里，位于喜马拉雅中段的世界第三高峰干城章嘉峰东坡。

长迂回。钱德拉河吸收了冰川融水，然后汇入杰纳布河（Chenab River），越过国界，进入查谟（Jammu）和克什米尔，最后灌入巴基斯坦的旁遮普（Punjab）平原，注入伟大的印度河。印度河十分壮观，它养育了巴基斯坦那些无法自行解决供水的地区——这是世界上最缺水的地区之一。[5] 印度河为印度河盆地的上部提供了目前世界上最大的灌溉系统，与巴基斯坦建造的多座大坝相连。杰纳布河的水源是来自喜马拉雅山脉印度段，但根据 1960 年签署的《印度河用水条约》[6]（以下简称《条约》），它由巴基斯坦调节。这个条约是国际水资源分享的早期样板，规定了印度控制三条东边的河流，巴基斯坦控制包括印度河和杰纳布河在内的西边的三条河。这处理方案并不完美，想想就知道，水无时不在流动，很难去规定其边界。

在这个地区，水资源控制权的政治斗争更引发了其他数不清的冲突。印巴两国在克什米尔争议地区冲突的原因之一就是水。因为这里的河流是巴基斯坦珍贵用水的源头。巴基斯坦在杰纳布河上建造了很多水力发电的大坝。印度也计划要建更多，这种行为《条约》是允许的，只要不影响下游巴基斯坦的供水就行。建大坝，是解决人口增长和水资源短缺的一种策略，但这个策略也有政治上的潜在影响。如果印度在杰纳布河上发展水电项目，那么它就能控制的克什米尔争议地区的供水，因此也会对巴基斯坦形成辖制。[7]

多亏了拉马教授和他的团队，乔塔希格里冰川是上印度河流域唯一拥有后勤设施的冰川，科学家得以有条不紊地研究这里的水流。这条冰川和它冰冷的邻居们共同成为该区域供水争夺战的关键，很多伟大的亚洲河流都起源于喜马拉雅山，其中印度河最仰赖于冰川融水。在这个被盛行西风掌控的区域，当雨水稀缺时，上印度河流域中高达 40% 的流量，一些高山支流的 90% 的流量，都是由春夏季的冰川融水组成的。[8] 恒河流域大部分受季风控制，[9] 雨水更充沛，所以只有 10% 的流量来自于冰川融水。所有源自喜马拉雅的河流中，海拔越高的地方，冰川融水所占河流供水的比例越大。值得注意的是，最脆弱的那些人，那些夹在喜马拉雅高山中偏远陡峭的山谷村庄里勉强谋生的人们，也最依赖于冰川融水。

喜马拉雅冰川储量丰富，形状规模各不同，表现也各不一样。有一些冬季时会把雪困在冰体中，有一些夏季时会通过季风存雪，还有一些（比如乔塔希格里冰川）两季皆可。有一些冰川最后终于陆地，其他一些则让冰舌浸于湖泊。跟大部分阿尔卑斯山脉的冰川不同，喜马拉雅冰川的表面极脏，通常覆着一层从上面滚下来的粗粒碎石。而且，这些冰川分布在绵延 3000 多公里的山带上。我们的野外工作要应对严峻的气候和麻烦的后勤保障，所以研究喜马拉雅冰川也显而易见地充满挑战。

亚洲季风会携带满溢的水汽从南边过来，而冰川坐落在季风的雨影区（通常是山脉背风坡的干燥区域），因此乔塔冰川的降雪通常是随西风到来。尽管如此，季风仍然对这个小冰川的健康情况影响重大，因为它在夏季带来间歇性降雪，会形成一条反射毯，减缓冰川的融化。[10] 乔塔希格里冰川是一条温冰川，河床处水流充足，基本上是在夏季融化，有点像阿尔卑斯的上阿罗拉冰川。自从

20年前在阿罗拉工作后，这是我第一次研究小的高山冰川——从各种角度来说，我感觉回到了家。

不过，第一次尝试爬上乔塔希格里冰川——一次被尼泊尔向导响亮的吟诵声点亮的短途跋涉——就让我深刻意识到这次任务的艰难。我们从海拔4000米左右的大本营迎峰而上，几乎花了一整天，向上爬了1000米到冰川中段。冰川的岩面前缘善意地提醒我们：前面可都是石路了，大片的石海里有一些石头大得跟汽车一样，把好几公里形态模糊、脏棕色的冰川前缘武装得严严实实。

之所以有这么多石头和岩屑，是因为喜马拉雅山脉有着世界上最快的侵蚀速度，从5000万年前就开始了。那时候，印度板块和欧亚大陆板块撞击在一起，把中间的一切都碾压碎了，也推挤出眼花缭乱的峰峦，这些山脉每年长高一厘米。风、雨和雪共同调节着这种生长，剥除掉一层层的岩石，把沙砾、岩屑都冲刷进冰蚀山谷，其中一些混在移动的冰川中，并最终出现在冰舌的下部，积聚成厚厚的岩层——有点像冰碛，但是形成的是碎石之海，而不是明显的细长的一溜（即冰碛）。这些岩石毯盖住大概喜马拉雅冰川四分之一的表面，在冰川融化并消退时似乎还会增厚。[11]

我们选了一条混杂着岩石、冰和水的路。与这种地形搏斗完全耗尽了我们的力气。这是我第一次在这个海拔工作（大概海拔5000米），在这里行走需要绝对的专注。每一口呼吸，我都尽量张大嘴，像打哈欠一样，试图呼入最大量的空气，把氧气运送到我酸软的四肢。云层在天空在南边缱绻，有时雪片旋转飞下。我开始难受起来，不是腿，而是头，正在被疼痛猛击。有那么一会儿，我平

　　　　　　　　　　聆听冰川：冒险、荒野和生命的故事

躺在坚硬的冰上，来缓解跳动的头疼。为什么这么痛苦呢? 我不停问自己。好像别人都没有那么难受。我的思绪昏沉模糊，要做采集雪样和冰样的决策时，做决定都变得很困难。我的不适很明显，乔恩·特林的声音从冰那边传来："杰玛，还好你在英国不像这样，不然你肯定当不成教授的!"

忍受了漫长颠簸的旅程、凶险的跨河还有星空下的几晚之后，印度团队和英国团队成员之间的关系很快升温了。索姆和莫妮卡成了我们愉快伙伴，我们一边喘着粗气，一边朝陡峭的冰川峰进发;那天快要结束时，我们在脏乱的帐篷中盘腿坐成一圈，挖着米饭和豆餐(dal)充饥，他们惊讶地发现我们的口味比他们预期的要强大得多，豆餐本来做成尽量合适西方清淡的口味了，但我们却把又辣又刺激的腌菜舀进豆餐里，这让他们瞪大了眼睛。乔·霍金斯因为身材高瘦被称为"长秋裤"。特林则被大家充满喜爱地叫作"豆豆侠"，因为他讲了2015年格陵兰考察季的故事:那时超级冷，他怂恿每个人都拿一盒罐装食品放在床上一起睡，这样早上就不用吃冰冻早餐了——他的床伴是一听非常恶心的蚕豆。我们出发去采融水水样时，就经常听到长秋裤和豆豆侠的玩笑，这成了营地里的欢乐源泉。

关于喜马拉雅冰川个体的生长和退缩的很多研究，都是最近几十年做的——但是这些冰川本身差异甚大，以至于报告常常得出完全不同的结论。政府间气候变化影响评估专家组(Intergovernmental Panel on Climate Change，简称 IPCC) 的工作之一，就是要评估冰川过去和未来的健康情况。该评估由联合国发起，一个全球性科学家网络来推进，差不多每 6 年一次，把目前已有的气候变化信息综合起来。而喜马拉雅冰川被归在常规的"高山地区"类，这意味着它们是跟世界上其他的高山冰川，如阿尔卑斯山脉冰川、安第斯山脉冰川、非洲热带冰川等冰川绑在一起的。[12]直到 2019 年，一个位于尼泊尔的区域性政府间研究机构国际山地综合发展中心（Integrated Institute of Mountain Development, 简称 ICIMOD）才撰写了喜马拉雅及其冰川的第一个具有里程碑意义的影响评估报告，该报告历时 5 年编写而成，涉及的主题包括生物多样性、气候、能源、食物安全和水资源，将多样的发现综合成一份独立的区域性评估。[13]结论是：喜马拉雅冰川的退缩自20 世纪 70 年代开始。随着亚洲季风袭入，越往东冰川的质量损失越大。对那些因季风获得雪量的冰川来说，变暖尤其倒霉，主要是因为，降雪本来会形成了一道反射性的保护毯，减缓融化，[14]但变暖后降雨取代了降雪。

一些科学家好奇，为什么这些喜马拉雅冰川的这些碎石盔甲——在我们行进在乔塔希格里冰川时阻碍我们的石海——可以防止它们继续融化，拯救这些冰川。最近用卫星图像进行的研究似乎表明，基本上，被碎石覆盖的冰川情况并不比干净的冰川好，[15]部分是因为所有的碎石都累积在冰川表面，冰川的流动最终会慢下来，顶部会形成湖泊，边缘上会出现大型的冰崖，这些都会变成融化的热点区域。所有这些额外的融化抵消了碎石层的延缓融化作用。[16]对这些覆着碎石的冰川来说，这些加减法着实很难算清，科学家们还有大量问题有待研究。

聆听冰川：冒险、荒野和生命的故事

还有一些比较孤立的地点，比如喀喇昆仑山脉东部和青藏高原西部，冰川赫然呈现全面的退缩趋势。[17] 很多这类冰川既大又高，会达到海拔 8000 米以上，一年四季都会有降雪。这些地方夏季气温更低，持续的盛行西风带来了更高的降雪，这些好像可以让冰川暂时维持良好的健康状况。不过科学家并没有完全理解其中的原因。最可能是一些因素的综合作用，包括气候变化导致亚洲季风强度的改变，还有一些当地独特的因素，比如中国西部平原更大规模的灌溉，往大气中蒸发了更多的水汽，导致了高山上的更多降雪。但这里冰川的发展趋势似乎也不可持久。

本来高山上的冰雪表面可以把太阳光反射回天空，但现在的变暖（就像北极一样）把这个反射层给剥除了。于是，在 21 世纪未来的日子里，几乎可以确定，喜马拉雅山脉比其他地方都要更快地变暖。即便奇迹发生，所有国家通力合作，把全球变暖的温度控制在《巴黎协定》中那个艰巨的限度（前工业化水平以上 1.5 摄氏度），喜马拉雅也会升上 2 摄氏度。[18] 最好的情况是：如果我们把全球平均升温限制在 1.5 摄氏度，喜马拉雅大概三分之一的冰川在 21 世纪末会消失。而最可能的情况是：我们继续按照现在的速度燃烧化石能源，到时候大概三分之二的冰川会无影无踪。[19]

至于喜马拉雅区域几百万人的命脉之源，那伟大的白色冰川河会受到什么样的影响？短期来说，我们认为大概在 2050 年前，会有更多冰川融水汇入河流。[20] 因为冰川目前覆盖的区域非常广阔，未来的变暖会加快它们冰雪表面的融化。但 21 世纪中期之后，因为冰川变小，无法保持大量融水下流，即使融化速率还是一样高，融水量肯定会下降。

最终，在一年中的特定时期，河流水量会大规模减弱，影响国内供水、水利工程，从而进一步影响农业和能源利用——对河源上游来说这种情况尤其突出，比如在干旱的夏季极大依赖于冰川融水的印度河。白色的大河们会枯竭。你可以想象在季风性雨带，随着冰川融水减少，雨水相应地变得更加重要——而问题是，雨水并不会像冰川融水那样平稳持续，而是会不可预期地猛然爆发，当地的人们并不知道水龙头什么时候开，什么时候关。

在乔塔希格里冰川大本营的时候，我脑海里一直想着冰川融水作为生命之源的重要性。不管我在哪儿，我总能听到河水从营地旁流淌而过时低沉的轰鸣声，最终奔腾着汇入印度河。在这条窄窄的生命线之外，沙子、沙砾和大的石块组成了冰碛和巨大碎石堆，或者只是一堆堆杂乱散布着，在它们之下，土地正贪婪地渴望着水分。水孕育了生命，缺水生命将熄——这个简单的真理印刻在此地人类生活的每一个方面。正因此，水和冰川对喜马拉雅地区的人们有如此重要的宗教意义。

恒河大概是世界上最热的河流，通常被印度教徒称为母亲河，是他们神话中的女神，相信恒河之水能洗掉他们的罪恶。这条河源自甘戈特里冰川（Gangotri Glacier）前锋裂开的冰穴，就在印度和中国西藏的接壤处——一处神圣的印度教场所，每年成千上万的教徒前来沐浴在圣水中。不久之前，印度河是印度教最尊贵的河流。事实上，"Indus"这个词是从古梵文"Sindhu"衍生来的，这个词就是"河流"的意思——还生成了"Hindu（印度人）"和

"Hindustan（印度）"这两个词，然后从古希腊语中演变出了英文的印度"India"。[21]1947年印度获得独立，之后印巴分离，因印度河主要流经巴基斯坦，于是印度人对水的信仰转移到了恒河。

这种灵魂与水的难分难舍的纠结让我着迷。我十分相信冰川和泉水由生命女神掌管，它们有力量净化和赐予生命——因为最近在巴塔哥尼亚的风暴中艰难跋涉的时候，我开始发现自己在思考，有没有更大的，超越我所见、所触、所感的存在？在这些荒凉冰川，我有时候感觉到离一些不是人类也不生于此地的生命很近——那是云团攀升或越过高耸山巅时阵风中的嬉闹；太阳升起驱除黑暗冷冽的阴影时的片刻温暖；或（时而）一种潜伏在冰川边缘的有生命的存在。有一些一闪而过的瞬间，持续了只有千分之一秒，但足以让我灵光一闪，感觉也许这其中有更高的存在。

我是一个科学家，这些并不难理解。自然界中有很多科学无法解释的存在。这并不意味着它们不存在。我个人生活中也是一样。2013年夏天，母亲去世后一周，我还跟她有过一次不寻常的对话。我当时被悲痛淹没，坐在一个灵媒昏暗的房间里，空气中弥漫着甜美浓厚的焚香味。一个灵体出现了——我看不见，但是灵媒能看到——说出我母亲的名字，准确地描述了她的疾病，她临终前的感受，甚至还知道我戴着她的婚戒。想到在她的灵魂出现的那一瞬间之前，我的世界观一直都是一维的，我略有不安，想到人们可能会从一个世界移动到另一个世界，我便晕乎着离开了。

在巴基斯坦境内的喀喇昆仑山脉北部的吉尔吉特-巴尔蒂斯坦地区（Gilgit-Baltistan），人们把冰川视为生命体，还有性别的区分。男性冰川颜色深，移动缓慢，水量很小（科学家称为表碛覆盖型冰川，debris-covered glaciers），而女性冰川则是闪烁着白色或蓝色微光，水量很大（干净的冰川）。[22] 当地人还有一种传统习惯，会把两种冰川的冰混合在一起，然后把冰块放在山洞之类的隐蔽处，上面堆一些装满水的葫芦，冬天水冻结时，这些葫芦会裂开，水会冻到冰块里。这些混合冰块上还会铺木炭和树枝、木条等其他材料，用来隔热，减缓融化。男性冰川会通过这样的形式让女性冰川"受孕"，在接下来的冬天里，会诞生一条新的冰川。在印度北部干燥寒冷的拉达克地区，工程师索南·旺楚克（Sonam Wangchuk）用这种繁殖冰川的方法，发起了冰川的制作，夏天把融水存储起来，到冬天时水沿渠道流入山谷，产生的高压会使之喷射入寒冷的空气中，形成一种球形的冰金字塔叫作舍利塔——取这个名字是因为形状很像佛教徒供奉佛舍利的地方。[23] 这些舍利塔一般靠近村庄，春天时经常出现水量短缺，冰塔会比冰川先融化。这种人工冰川必须每年都人为添加冰量，但确实解决了一些供水短缺的问题。

在乔塔希格里冰川前缘的岩石区域，也有类似典型的干旱特征。在如此高的海拔上，地质如此不稳定，我们的营地却惊人地结实，一座看起来无菌的白色活动房，两旁排列着睡觉的铺位，一座坚固的石头棚就靠在后面起伏的冰碛石上，我们围着棚子搭起一圈帐篷。我把之前去巴塔哥尼亚的那顶昂贵帐篷也带来了，这顶帐篷之前在我的头部制造了自己的夜间液滴喷雾系统，而在高高的喜马拉雅山，这小小的圆顶石棺［我的一个学生马修·马歇尔

（Matthew Marshall）这么叫它］却绝对完美。所有凝水问题都消失了，一旦太阳落山，刺骨寒冷就会横扫冰川底端，而这顶帐篷现在变成了一个舒服的庇护所。

即使如此，我到乔塔希格里冰川后的那几周也极少能睡着。我总是能感觉到需要深深呼吸才能吸入足够的氧气，而且后脑勺的钝痛也纠缠着我。黎明到来时，深色的夜幕开始变成灰色，我感到周身一股深深的欣慰。我会爬出帐篷长管状的内室，进入稍微大一点的门廊，然后赶紧套上尽可能多的衣服——这绝对是"两件羽绒服"地区。接着通常我会先去看一下乔恩·特林，他不跟我们一起，而是在我"石棺"10米外的地方，一块巨砾侧翼下的缝隙处，自己单独搭帐篷，然后用卡其色的拉脱维亚军用迷彩睡袋保暖，他发誓这比任何帆布帐篷都好——虽然一天早上他承认他前一晚感觉有点冷。不过我们俩都比彼得·尼诺的睡眠装备要好——他从我们的印度朋友那边借了一顶帐篷，这帐篷已经扛过了许多个四季，最后在一个风雨之夜不敌疾风，夸张地倒塌在他鼻子上。印度代表团明智地选择了活动板房，通常在我们从帐篷里出来的时候已经起来活动了。还有一位欢乐的尼泊尔向导总是带着冒着热气的锡杯，里面是甜美的柠檬茶。我会坐在一块大石头上吃早饭，看着太阳逐渐地用柔软的金光照耀这块岩石区。

印度同事们好像有点担心怎么招待我们——他们显然尽心竭力地捣鼓出了各种可以吃的西式早餐，从薄煎饼到燕麦粥到鸡蛋卷应有尽有，不过在我们的反复劝说之下，终于接受了我们对豆餐和印度薄饼相当满意这件事（我们习惯了在营地自己准备食物，所以能得到这种奢侈的服务对我们来说已相当不错了）。他们也非常关心我们女性的生活是否舒适，还不辞辛苦拖来一个陶瓷的卫生设备，有完备的水箱和冲洗功能，安装在营地下游一个很小的帐篷里。我从来没有见过这种东西。

　　一天早上，我在营地漫步的时候，偶然看到一件神奇无比的事件，一个用篱笆围起来的一两米宽的围栏，里面萌出一大簇四季豆豆苗。尼泊尔营地主管阿迪卡里（Adhikari）解释说，他种了一些豆子，想看看如果有山羊和绵羊粪便滋润的话，能不能真长出豆子来。这让我心头一颤。这些豆子长在冰川沉积物上，这些沉积物曾经是乔塔希格里冰川下的大片岩石。我记得，从格陵兰冰盖释放出的冰川岩粉包含了磷和钾这些元素，有一些漂浮在阳光照耀的海面上的微生物因此获得了营养。在远离海洋处的高山山脉上，这些从乔塔希格里冰川释放的岩粉也能从碎石和巨砾中脱颖而出，给四季豆提供养分。我在想，如果带一些冰川岩粉回家，我也能种一些作物吗？

　　莎拉有一种罕有的对植物和冰川的热爱，一年后，在她的帮助下，我们在布里斯托大学生命科学大楼的楼顶接管了一间温室。很快，成百上千的大豆就郁郁葱葱地从盆里发芽了，土壤是几乎没有任何营养价值的沙土和一两克乔塔希格里冰川岩粉的混合物。（冰川学遇见植物学，谁能想到呢？）这些粉粒似乎就跟传统的化肥一样促进大豆的生长，而化肥却会引起农田的退化和地下水和河流的污染。植物一般在有土壤有机质的地方长得好，但在某些时刻，也需要额外的营养来促进生长，特别是在要收获植物作为食

　　　　　　　　　聆听冰川：冒险、荒野和生命的故事

物时，而不是让它们死亡、分解，形成珍贵的有机质。

冰川岩粉能提供来自岩石的养分。问题是，岩石并不含氮。这也是冰川融水造成了巴塔哥尼亚和格陵兰峡湾的浮游植物问题的原因——没有足够的氮。但是，如果种不需要氮的植物，比如像大豆这样的豆科植物，它们能巧妙地利用大气为自己固氮，然后加入水分还有一点点如山羊粪便这样的有机质，就能茁壮生长。我在想，冰川岩粉能不能用来给贫困偏远的喜马拉雅地区退化的农田增加肥力呢。

这个想法扩展一下的话——如果冰川在退缩，是不是会露出新的土地表面供植物甚至农作物生存，并得到冰川岩粉的滋养？事实上，当你看看冰川边的土地里，就有这种迹象。任何冰川的附近，你都会看到不久前还被埋在冰下，现在已经暴露出来的磨碎的沉积物。很少有什么能在这里生长——没有足够的有机质和氮。但从冰川到冰川岩粉，则有了新的可能。更强健的生命形式，比如微生物、地衣、苔藓类，能驻扎进来开始生长，在生命和死亡的循环中，慢慢地在土壤里形成有机质。有些微生物能从空气中吸取氮形成自己的细胞，它们死亡后，这些氮就进入了土壤中。[24] 时光飞逝，小的植物们也来了，然后是大一点的植物，然后是灌木和树。这叫作自然演替——随着生态系统的成熟发展，一种生态系统代替了另一种。

在冰川边贫瘠的土地上，这种新地表的自然殖民一直都在发生，而且随着冰川前锋继续退缩，这种情况还会更加频繁地发生。对尼泊尔及其高山的卫星图像分析已经表明，在喜马拉雅山脉的林线和雪线中间的陆地带，已经有了一条"绿化带"。[25] 从 1993 年发生的这些变化——我就是在那时成为了一位冰川学家——意味着植物开始在此前太冷的地方生长，而且可能已经在吸收冰川岩粉里的氮。如果植物能在高海拔地区自然生长，那么像豆子这样的作物怎么就不能人工培育呢？看起来可能性很大——过去 50 年，气候变暖使得喜马拉雅地区的生长季，以每 10 年长 5 天的速度增长。[26]

不过，供水仍然是个很大的问题。就我们所见，21 世纪内，这个区域内流入河流的冰川融水会越来越弱，会减少河川径流，而且越来越无法预料河流未来的走势。要防范这个危机，亚洲多国政府进行了一个大胆的尝试，他们制定了雄心勃勃的计划，在主要河流上筑坝蓄水、发电。印度就发起了宏大的"国家河流连接"项目（National River Linking），将用 9600 公里长的运河，把跨越印度次大陆的 45 条河流，甚至包括喜马拉雅的那些河流，都连接起来。[27] 筑坝、建水库的好处是它们能像水槽里的塞子一样——即使冰川融化和雨水减少成细流，水也能被存起来供干旱时期使用。

不幸的是，就跟在巴塔哥尼亚一样，这些巨大的人工湖也累积了沉积物（比如冰川岩粉），沉积物对各大河流冲积平原上的农业是至关重要的。整个文明都建立在绵延不断的富饶的河流冲积物上——古埃及就是一个好例子[28]。因为有大坝，如今尼罗河里几乎没有任何沉积物——要是法老们还在，也得吃苦了[29]。在这些大坝里，也可以积累一些沉积物供下游使用——但你得扪心自问一下，是不是一开始就不建大坝会更好。喜马拉雅山脉在变绿，也许会开发出新的区域开垦农业，但解决水的问题是很难的。冰川融化是一个由气候变化导致的巨大的人道主义定时炸弹，会极大地影响脆弱的当地居民——讽刺的是，这些人并没有排放多少二氧化碳。

回到平坦的德里之前，在乔塔希格里冰川的最后几天，我们再一次拖着笨重的箱子和背包们越过钱德拉河。我的心情很沉重，仿佛是失去了什么。挂在绳子上要返回河的另一边时，我是最后一个爬进哐当的铁箱子里的。这次，我只是轻松地融入了这种晃动。我们的箱子们像钟摆一样，在涌着白色激浪的水面上，晃来荡去擦过凸出来的岩石，然后被缓慢而颠簸地拖到峡谷的另一侧，而我只是享受着这预料之中的短暂片刻。这一路，我一直盯着磨损的山峰，想把它们独特的形状铭刻进记忆里——峰顶的轮廓，光与影的妙手天成，流连在山壑里的那少许的雪，我想在它们消失之前把它们全部记住。到达另一边之后，彼得有点困惑地跟我说："杰玛，你有没有意识到，越河回来的人里，你是唯一一个一直面对着冰川的人？其他人都面对目的地方向。"我没注意到，因为我一直在心里向冰川告别。

第七章　最后一块冰

秘鲁布兰卡山脉

我的布兰卡山脉（The Cordillera Blanca）之旅差点儿就未能成行。这趟行程不仅是我第一次去秘鲁探访冰川，也是我在脑部手术后的第一次冰川之旅。从印度开始的头痛，在我 2018 年 10 月抵达巴塔哥尼亚后就变得严重了，但我完全没有理会。很快，我就开始昏厥、腿麻、视力下降。圣诞节前不久，我被送往医院看急诊，发现脑袋里面有一个无核小蜜橘大小的良性肿瘤。它压着了我的脑组织，可能会致命。

常年探险，我对极度不舒适的忍受能力很强。再怎么不舒服，我也能照常生活。这不是件好事。一天晚上，我在家里，穿过楼梯平台，晕了过去，往后摔倒在一块大玻璃框里——这是我最近装裱的一张照片，它当时正懒洋洋地靠在墙上。我醒来想，该吃早餐了，但为什么我的头动不了了呢？当时，我的头刚好被一块锯齿状的碎玻璃框住了，玻璃锋利的边缘插进了肉里，鲜血正顺着脖子往下流。

得去工作的时候，我总会想点办法掩饰症状。比如会议结束时，我会站起身来，转身凝视窗外，假装欣赏风景（通常布里斯托尔下着蒙蒙细雨），其实我几乎什么也看不到，腿麻了，耳朵里塞满了震耳欲聋的警笛声。然而我不想去看医生——我不知道为什么。可能是怕麻烦，或者害怕，或者不想让别人对我的工作失望？或者是因为这些症状让我想起已故的母亲，她在癌症扩散到大脑后去世了？老实说，我不知道。

手术挺迅速的。一天，我参加了一个部门会议，下一秒我有意识的时候，就只觉得很冷，脸朝下躺在手术台上，头骨被切开了。我的大脑"打嗝"了。好的一点是，它迫使我从工作状态中抽身，充足的思考空间随之而来。尽管如此，我的疗养期有时还是令人感觉有点凄凉的，比如，当我和我心爱的拉布拉多犬波比在单调的冬日灰暗中漫步穿过布里斯托尔的时候。从脑部外科手术中幸存下来的欣喜很快被一波又一波的痛苦取代，因为创伤在我身上蔓延，我努力寻找这一切的意义——曾经那些让我感觉良好或者证明我自己的一切都逐渐消失了，缓慢而痛苦地，就像一层又一层的油漆从旧墙上剥落。我是谁？我的信仰是什么？在我踏上生活和工作的传送带之前，感觉就像我被剥除了外层，只剩下真实的我自己，那个野心潜入我身体之前的人。

幸运的是，在我几乎对我曾经做过或将要做的每一件事都失去信心的时候，我对冰川的热情丝毫未减。我开始试探性地思考，在我还活着的时候，如何尽可能广泛地分享我的发现。我又开始制订计划了。我在我家的拐角处发现了一个颇为古怪的健身房——这正是我所需要的，一群不拘一格的友好人士经常光顾，其中有一些快乐的领着养老金的退休人士，他们穿着灯芯绒裤子和熨烫整齐的衬衫，决心通过举铁来减少肌肉衰退，逆转生命的时钟。我开始每天举铁，主要是为了加强颈部肌肉，毕竟外科医生在我头骨周围割断过这些肌肉。逐渐地，我变得更强壮了。

在精神上，我恢复得慢一些。认知测试表明，我的记忆力在某些方面的表现是人口中最低的 2% 的水平——对一个冰川学教授来说，这不是个好情况。跟人谈话的时候，我总是忘词。最可怕的是，我再也看不懂地图了。这些障碍也蔓延到科学写作上来——我现在似乎无法达到写论文所需要的语言的精度和深度。然后有一天，我尝试了一种不同的策略，第一次开始比较文艺地写下我的冰川生涯。我对我能做什么或不能做什么没有任何期望——这是我自己的秘密计划。这让我感觉非常自由。

尽管没有百分百恢复，在手术八个月后，我还是决定需要回到冰川上来。我在布里斯托尔的团队几个月来一直忙于计划前往秘鲁，那是博士后研究员莫亚·麦克唐纳（Moya Macdonal）领队的一个项目。她刚在斯瓦尔巴群岛拿到博士学位，很想稍微改变一点，加入一个涉及冰和人的项目。莫亚是一个意志坚定的女人，她的大脑可以处理大量复杂的逻辑问题，同时也能聪明地思考科学问题——没有她，我不会参加这次考察。一年多前，我们申请了项目基金，旨在研究布兰卡山脉中岌岌可危的冰川。从那时起，我就一直期待着这个项目落地——然而，脑部手术对我来说是一个需要克服的阻碍。

这并不是说，我对再次参加探险不害怕。我仍然情绪低落，朋友们漫不经心地问："杰玛，你确定去秘鲁是个好主意吗？""医生怎么说？"（好问题，我没有问过他们！）我觉得脑部手术之后，我肯定不能再带队探险了。如果我不能像以前那样解决问题怎么办？如果我不能长时间工作怎么办？如果人们注意到我不舒服怎么办？如果我的头部无法适应 5000 米的海拔怎么办？如果我的平衡能力变差，从一块岩石上摔下来，掉进汹涌的洪流中淹死了怎么办？有这么多如果！我经常想象有一只爬行动物在我的肩膀上——虽然这么想很奇怪吧——不断地叽叽喳喳，放大着我最害怕的事情。但在内心深处的某个地方，我还是找到了让那头有鳞野兽安静下来的意志力。

2019 年 7 月，阴沉沉的一天，我和莫亚乘飞机抵达利马，与我们的新合作者劳尔·洛艾萨–穆罗（Raúl Loayza-Muro）和他的助手菲奥雷拉·拉玛塔（Fiorella La Matta）重聚。我第一次见到劳尔是 2018 年 3 月，在利马的一次秘鲁冰川的研讨会上。我们如今又坐在了同一张桌子前——两个孤独的水化学家，一起消磨时间，分享野外故事、制定一个项目计划，调查秘鲁的冰川退缩对河流水质的影响。劳尔是我遇到过的最闲散的科学家之一，他很快就用酒劲超强的皮斯科酸酒和在任何情况下都能让我们发笑的能力赢得了我们的喜爱。

我们的布兰卡山脉之旅始于一段惊险刺激的车程，向北颠簸行驶 8 小时。走拥挤的高速公路离开利马，感觉就像反复试图从一头巨兽嘴里逃出来，它好像有时候会张开嘴巴放你走，然而当你正要逃跑时又突然合上。没完没了。老实说，当时我觉得我们永远开不出去了。好在开了几个小时之后，我们最后还是到达了城市的边缘，迎接我们的左边是海洋，右边是死气沉沉的沿海沙漠。连绵起伏的黄色沙丘，在海雾润湿的地方微微泛着绿，进而逐渐变成尘土飞扬的平坦的平原上升起的干燥的山脉，山体的侧面在雨季被径流雕刻出一道道痕迹。令人窒息的黄色和灰色的尘埃模糊着人的视野。虽然这是我的第一个"真正的"沙漠，但它让我想起了冰川周围贫瘠的地貌——另一种栖息地，在冰冻的温度下，只有断断续续的供水，生命难以生存。

开了大约 4 个小时，我们离开沿海公路，开始缓慢爬入科迪勒拉山系。从空中看，这条高耸的山带将秘鲁北部劈开一个巨大的白色裂口，一道明显的断层线将其分成北-北-西／南-南-东两部分，将东部的布兰卡山脉（"布兰卡"这个名字意为"白色"，因为它被冰雪覆盖）和西部的内格拉山脉（Negra，即黑色的意思，其上没有冰）分开。我们接近山脉时已经是黄昏了，下午 6 点左右，太阳就从天空中落下，毕竟是在热带纬度上。我们挤在四驱车的后座上，沿着蜿蜒曲折的道路前行。我努力抑制着胃里的翻滚。从车上，我只能远远地辨认出科迪勒拉山系南部，冰峰凝视着宁静平坦的科诺科查湖［Lake Conococha，因群山而生，它的名字源自盖丘亚语，意为"温暖的（*cúnoc*）湖（*cocha*）"，因为沿着湖西岸有不少天然温泉］。尽管景色优美，但我深感震惊：紧贴山脉的这些冰川是我见过最小的冰层；它们都已经退到了山峰上，粗壮、病态的冰舌在夕阳下泛着粉红色的光。

热带地区的冰川对气候变暖特别敏感——它们大部分都很小，位于高海拔地区，冰体的健康情况完全取决于雪线的位置，雪线越低越健康。[1]秘鲁的小冰河时代在 17 世纪中后期极盛，但此后安第斯山脉的气候普遍一直变暖；20 世纪下半叶，平均每 10 年能升温 0.3 摄氏度，大约是全球变暖平均速度的五倍。[2]过去的 30 年间，该地区冰川上的降雪量略有增加，但还不足以抵消气候变暖带来的额外融化。结果就是，科迪勒拉的冰川在 20 年里以惊人的速度缩小了 30%。[3]当地气候的计算机模型预测，如果我们继续放任温室气体的排放，到 21 世纪末，除了最高山顶上的最小冰块外，这里所有的冰都将消失。[4]另一方面，如果我们果断采取集体行动来减少碳排放，使碳排放到 2100 年降至零，那么前景将会乐观得多。冰川仍将继续缩小，但布兰卡山脉大约一半的冰川可能不会消失。

尽管冰川在许多地方已经退缩成小块，但它们仍是当地的重要水源。热带气候的气温在一年中变化不大，但有旱季和雨季——大约 70% 到 80% 的降水发生在 10 月至 4 月之间。[5]旱季的时候，供水就必须倚赖于某处的储水，而冰川就像巨大的冰冻水库。这些安第斯山脉上的冰川，雨季时靠高处的盆地接受降雪积累水分，但由于这里是热带地区，一年四季都很温暖，冰川低处的冰舌在雨季和旱季都会融化——这与欧洲阿尔卑斯山的冰川有所不同，后者有半年都不会融化。（高海拔的冬天太冷，冰川无法大量融化；相反，整个冰川流动系统一到冬天就直接关闭了。）秘鲁的问题是，冰川在过去的几十年里变得非常小，以至于处于人们所说的"可用水量的下降曲线"上。而在世界其他地方，例如巴塔哥尼亚和喜马拉雅山，许多冰川的融水供应是随着融化速度的增加而上升的——如果它们继续收缩，当然，最终融化速度也会下降。[6]

布兰卡山脉是最大的热带冰顶山脉，拥有世界上约四分之一的热带冰川——在两极附近的地方闲逛了二十年后，"热带冰川"的概念引起了我的兴趣。此外，安第斯冰川的融水还带来了一个巨大的问题：融水给河流带来了最奇怪的化学物质——我从未见过这种情况。许多变得酸性很高，我的意思是，疯狂地高，几乎和你的胃酸或柠檬汁一样（pH 值 2—3），更麻烦的是，重金属如砷和铅的浓度也很高，绝对不能喝。但是，是什么导致了如此极端的化学反应？许多科学家将毒性与冰川退缩联系起来，但我花了一辈子也没弄清楚是怎么回事。我研究过的所有其他冰川，无论流过什么岩石，流出的河水的 pH 值或多或少都是中性至碱性——这使得它们非常适合饮用（在过滤掉冰川岩粉之后）。我很快意识到，如果不深入研究布兰卡山脉上冰川的起源，几乎不可能解开这个谜团。换句话说，我需要回到过去，查看历史。

布兰卡山脉的存在本身就让许多地质学家感到困惑，他们今天仍在争论它是如何形成的。[7]这个谜团的核心问题是这样的：这个山脉跨越了地壳的两个独立板块，东部的南美板块（其中包括大陆）和西部的纳斯卡板块（大部分位于海洋之上）。在过去的至少两千万年里，这些构造板块一直在缓慢地汇聚，纳斯卡板块在南美板块的海岸附近下方下沉（"俯冲"）。这种汇聚作用，导致了安第斯山脉的形成。然而我们现在知道，布兰卡山脉在 500 万年前才形成，当时地壳通过我们所谓的"正断层"在局部被伸拉开来，这种断层就是地壳破裂，一侧往下滑，另一侧高耸起来。因此，科迪勒拉山系西部的内格拉山脉已经下降到更低的大陆架上，而东部的布兰卡山脉就像一堵"悬空的墙"，高耸在它黑色的邻居之上。

这两条山带有着云泥之别。东边的布兰卡山脉大量冰川覆盖的山峰，每年都受到来自亚马逊盆地的好几米的降雪的滋养。[8]就像布兰卡山脉抢走了所有的雨水一样，西边的内格拉山脉水分不足，无法形成冰川。桑塔河位于这两个截然不同的山脉之间，非常靠近断层线，是当地人民的重要水源。这条河从南流向北，收集了许多冰川的融化物，在通往太平洋的道路上不断切入河床底部的岩石。

要理解为什么该地区冰川河的毒性如此之大，有必要了解其令人难以置信的地质情况。大约在 500 万到 1400 万年前，大量熔岩（岩浆）从地球深处喷出，冷却形成巨大的花岗岩岩体或岩基[9]（凝固成致密的岩浆块），并进入更古老的、被称为"奇卡马组"的沉积岩中。这些沉积岩在大约 1.5 亿年前的侏罗纪时期由海洋沉积物转变而来。向上移动的岩浆推高了布兰卡山脉。现在山脉的地基位于正断层隆起的地壳上，表层覆盖着一层柔软的奇卡马岩，顶部是海拔 5000 到 6000 米的冰川——再换句话说，类似某种由硬岩、软岩和冰组成的三层蛋糕。

然而，随着冰川退缩，富含硫化物和矿石等金属矿物的奇卡马岩慢慢暴露在空气中。一种特殊的矿物，黄铁矿（愚人金）在这里的含量非常高——比我所知道的任何其他冰川都要高得多。黄铁矿是一种极易反应的矿物，与空气中的氧气相互作用，最终可产生硫酸和氧化形式的铁，就像我们所熟知的铁锈一样。这意味着水质的双重问题——不仅水酸性高，不适合人类饮用，而且酸性还会增加砷、铅和汞等有毒金属的溶解度。

科迪勒拉山脉高处侧面，正是奇卡马岩一条一条的红色和橙色条纹，这颜色正好证明了其中含有高浓度的铁，暴露在空气中会形成锈迹。矿业公司在当地很活跃，他们从这些岩石中提取有价值的金属，如铅和铜。不幸的是，开采岩石将其粉碎成细颗粒时，任何金属硫化物一旦暴露在空气和水中，它们就会迅速溶解，从而毒化湖泊和河流——这种现象被广泛称为"酸性矿业废水"（Acid Mine Drainge），原因是它与这个肮脏的行业相关。矿产占秘鲁出口总量的 60% 以上[10]，矿业导致了当地社区、国家公园管理者和矿主之间的紧张局势升级，甚至科学家也被卷入了这个复杂的网络。2019 年 8 月，大约是我们在那里的时候，一群研究人员被村民绑架，因为怀疑他们打算利用冰川开采矿物。

冰川以其自身的运行方式而言，是天然的矿厂，它们移动时会压碎和研磨它们下面的岩石。随着冰川退缩，它们将开采出的废弃物留在之前的位置，任何暴露出的金属硫化物都会迅速氧化，导致水酸化和金属毒性。这带来了一个问题，未来的冰川退缩将如何影响供水？该地区的河流还有多久是可以饮用的？

我们此行的目的就是找出河水毒性的来源，如有可能，就提出解决方案。我们是在旱季出发的，这样我们就可以在解决土地问题的同时，享受一下温和的天气；我们大部分时间都在一辆皮卡车车厢里，沿着刻在山上的陡峭土路行驶，沿着一些主要河流从冰川融水到它们与桑塔河交汇的地方行进。我们在科迪勒拉的山谷里曲折前行，从遥远的南部广阔草原山谷，到北部深切的岩石峡谷，我觉得我又回到了当初的状态——当我跳过巨石爬下峡谷，用pH探头随时准备辨别水的酸度时，我感到我在阿罗拉大学时代令人陶醉的快感，这感觉时隔多年第一次重燃了起来。六个月没工作了，我的日子都是遛狗和喝茶。现在这对我来说是一个很大的进步。

每天早上，天一亮，我们就会离开喧嚣的瓦拉斯——1941年臭名昭著的格罗夫灾难的发生地——前往山上，目标是当天检测完几条河流的流域。有一次，就那么一次，我们在一个城市里住过一家酒店——一家不起眼的小酒店。但请注意，与我们通常在偏远野外住的帐篷营地相比，这一间算是很豪华的了。不幸的是，身处城市意味着晚上我们不能把设备留在卡车里，以防被盗。所以我们就得花半个小时来拖几百公斤的装备，其中还有个冰柜，早上一次，晚上一次，上下几段楼梯。大清早干这活儿真是刺激。在开启一天的漫长冒险之前，这总是会引发一点感官的兴奋，让人加速醒来。然而，到了中午，当太阳高高地爬上天空时，空气中弥漫着温暖。总的来说，我们一边漫步一边研究了大约30条河流。令我非常困惑的是，为什么其中一些是酸性的又有重金属污染，另一些却没有；另外，还有些河流是如何在源头呈酸性，却又在水流进桑塔河之前恢复了？给你们讲述我们研究过的所有河流的故事需要很长时间，所以我选择只讲述其中两条。

第一条是南科迪勒拉的帕查科托河（Pachacoto River）。它的下游充满活力，水流湍急。即使是在旱季，它也会从山峰周围的几座冰川中汲取融水，比如帕斯托鲁里冰川（Nevado Pastoruri）。这可能是科迪勒拉山脉最著名的冰川，因为游客可以抵达。每天都有游客坐着巴士来到这里，沿着通往海拔5000多米的冰川的道路上蹒跚前行，像离开水的鱼一样大口呼吸空气并惊叹于它陡峭、闪闪发光、冰柱覆盖的冰川鼻。从1975年到2010年，这座命运多舛的冰川损失了大约20平方公里的冰，冰穹顶面积减半。[11] 因融化得太快，冰川主体裂成了东西两块，留下少数"残余冰坨"（莫亚发明的一个新术语）点缀在两侧。我听过很多关于它的报道，说融水变酸、有毒，因为冰川已经退缩，在从前的位置上留下了成堆的碎片，所以当我在帕查科托河和桑塔河的交汇处下游约20公里处测量时，我感到困惑：我们发现水完全是普通的碱性。怎么会这样？

我们沿着土路行驶，穿过曾是河流的帕查科托山谷。我欣赏着散发光芒的山峰，柔软的黄色草原，以及十米高的像仙人掌一样的奇异树丛，就像外星人刚从遥远的地方降落，这些是皇后凤梨（*Puya raimondii*），凤梨科的一员，菠萝的表亲，而菠萝的原产地就是秘鲁和玻利维亚高地。（皇后凤梨要80年的时间才能开花，然后向空中释放数以百万计的种子，不久后就枯萎死亡，它的使命完成了。）但当我们绕过一个弯道，到了山谷另一边，我马上坐直了起来——突然间，我看到了蜿蜒的河流变成橙色。

从路上看，河流就像一个外来闯入的家伙，与这个看似原始的安第斯高地天堂格格不入。但只要稍微仔细一点儿观察，经过一段累人的跋涉，我惊讶地发现，清澈的河水喷涌而出，四面都是

聆听冰川：冒险、荒野和生命的故事

明亮的橙色河床和河岸。我翻开一块石头，发现下面除了一团黏糊糊的红藻团和厚厚的铁锈，再没有其他东西了。[12] 我坐在巨石上，思考着面前的奇观，身上也沾上了令人不快的赤褐色粉末。看来，这是帕查科托河开始有毒的地方。然而，令人费解的是，这里的水不是酸性的——pH 值大概是 7。显然，有什么东西中和了水里的酸，这才能解释为什么像铁这样的金属会迅速从溶液中流失。那么，这种高金属毒性的水是从哪里来的呢？水在流进桑塔河之前又是如何恢复的呢？

我们终于到达山谷尽头的帕斯托鲁里冰川，我的第一个问题得到了解答。我与游客车队一同沿着小径拖着脚步前进，不禁有些沮丧地反思，目睹这座受人尊敬的冰川日渐消亡，就像参加一场葬礼。这肯定与我的大多数冰川之行相去甚远。以前的行程通常是去野外，那是荒凉、人迹罕至的地方。我头上七个月前做过手术的地方怦怦直跳。由于我在康复期间做的运动相对较少，而且肯定没法爬山，所以我现在也得努力让肺部吸到足够的空气。奇怪的是，尽管不舒服，我的腿还是向前迈了出去——莫亚开玩笑说这叫"冰腿"。

帕斯托鲁里冰川的前锋陡峭挺拔，气势磅礴——十多米高白色悬崖闪闪发光，有些地方还是悬空的。周围的地表闪耀着愤怒的橙色，这说明奇卡马岩暴露在外——它们曾经深藏在冰川之下，现在已经暴露无遗。我将 pH 探头浸入从冰川口的冰洞里流出的细小溪流中：pH 值为 2。令我惊讶的是，一位游客过来要我们帮他的水瓶装满冰川水。我们跟他说这可能不是一个好主意，这有点像喝一升柠檬汁与有毒金属。如此惊人的酸性几乎令人难以置信，因为我多年的研究经验告诉我，冰川压碎下部的岩石释放出硫化物等产酸矿物质的时候，也会从石灰石等岩石中释放出碳酸盐等矿物质中和酸度。在帕斯托鲁里，奇卡马岩石中的硫化物似乎太多了，而碳酸盐却不足。

然而，令人震惊的是，在下游约 20 公里处，当帕查科托河与桑塔河汇合时，河水的毒性已经减弱，金属浓度已降至有害水平以下。[13] 显然，有什么自然过程修复了水体。事实证明，你只要开车上下山谷，不难弄清楚这些是什么。帕查科托山谷与科迪勒拉南部的其他山谷一样，非常宽阔，两侧是广阔的冰碛铺在无毒花岗岩形成的岩基上。沿着山谷平缓的边界，你会看到从山坡上突然冒出的泉水。地下水沿着斜坡，从高压流向低压——所有这些泉水的 pH 值都是碱性的，金属浓度也低。因此，这些纯净水流进帕查科托河的有毒水域，净化水体，随着酸度下降，金属开始从溶液中凝结析出，形成我早些时候沿途看到的锈迹斑斑的橙色山谷。这个平底山谷的湿地——由苔藓和草丛组成的大片沼泽地——也降低了帕查科托河的毒性。沼泽里生长着许多当地称为"潘帕斯"的蒲苇，原产于安第斯山脉，能够直接从河水中吸收大量金属。当地人现在也在积极尝试利用这种天然滤水器来净化河水饮用。

可悲的是，在科迪勒拉北部一些更狭窄、陡峭的河谷中，情况就完全不同了。行程快结束的时候，我初次探访了夏拉普冰川（Shallap Glacier），度过了一段最轻松的时光。此前漫长的旅途中，太多的精神兴奋和太少的睡眠——就我的身体可以应付的程度而言——让我早已透支。我的头很痛，我的腿很沉；每次站起来，我都得摇摇晃晃几秒钟，希望不要昏倒。但是，夏拉普是我很想看到和采样的冰川，所以我们仍然踏上了通往冰川的土路，先乘坐四驱车，然后徒步。

夏拉普冰川位于海拔5000多米处，往下流过十分陡峭的岩地；冰川上部的大量降雪加上冰川下部的大量融化，意味着需要冰的快速流动来重新分配质量。与布兰卡山脉的大多数冰川一样，夏拉普冰川伸出一条有大量裂隙、粗短的冰舌，部分被高处山坡滚下来的岩石碎片所覆盖。这条冰舌的高度比主冰体低得多，它会融化得快，这使得整个冰川对变暖非常敏感——冰舌不断融化，直至消失殆尽，冰川最后退回到海拔更高的地方。[14]

和帕斯托鲁里冰川一样，夏拉普冰川正撤退到富含金属的奇卡马岩上，从它冰川鼻前锈迹斑斑的红色景观中可以清楚地看到这一点。陡峭的岩壁山谷与超凡脱俗的橙色河流交织在一起，这美景让我再次心潮澎湃。基岩的坳陷处有一个湖泊，安静得可怕，那是冰川填满上部山谷时凿蚀出来的——湖水呈现暗绿色，因为其中溶解了极高浓度的有毒矿物质。这个山谷有一条颇受欢迎的徒步路线，旅游指南提到了这个湖的"精致的绿色湖水"——为了不破坏诗意的气氛，并没有提到湖水有毒。

即使在距离冰川下游8公里处的夏拉普山谷底部，河水仍保持着高酸性和金属毒性，河流呈亮橙色。这与帕斯托鲁里完全不同。为什么? 在夏拉普，大约从冰川沿着山谷向下走三分之一，就可以看到富含金属的奇卡马岩和花岗岩基岩之间的清晰的边界。

奇卡马岩产生酸性水，但与流过岩床的碱性水混合，应该可以减轻酸性。但问题是，这个山谷里没有足够的宽广的山坡和冰碛来接收雨水，进而形成酸碱平衡的地下水储备。唯一可以储存雨水的地方，是险峻山谷两侧排列的细密陡峭的岩屑锥（来自落石），或是高海拔处的小湖泊或雪地。细小的溪流和瀑布大胆地从山坡流下，流入夏拉普河主流，但它们的 pH 值呈中性至微酸性（与帕斯托鲁里山谷的泉水不同）。能从水中吸收金属降低酸性的湿地上的蒲苇，仅覆盖谷底的一小块区域。从本质上来讲，夏拉普河无法从冰川供给的酸液中恢复过来。令人担忧的是，还有许多山谷像夏拉普一样，也会朝着这个方向发展，那么当地最重要的水源将被污染。

你要是在该地区多逛一逛，就能逐渐察觉到这个问题的潜在规模。当地克丘亚人的农场和小定居点散布在山坡上，超过一半的秘鲁人口说这种语言。一些定居点所处的海拔简直高得不可想象，在河流呈现明显橙色的地方也有分布。这些脸色忧郁的人充分利用每一小块土地，在较低的土地上轮种庄稼，在较高的土地上放牧绵羊、羊驼和奶牛；即使在最普通的日子里，妇女们也穿着五颜六色的衣服，经常看到她们戴着高高的黑帽子，帽子的高度可以用来标示出她们的家乡是哪里。仅仅几十年前，盖丘亚人还可以在科迪勒拉的许多河谷捕鱼，那里盛产鳟鱼和其他可食用的鱼类。然而，现在许多河流里都没有了生命。这些高安第斯社区在很多方面最容易受到冰川融化变化的影响，因为如果没有可靠、清洁的水源，他们就无法在严酷的高海拔地区繁衍生息。

我曾前往科迪勒拉山脉最北端，那里的采矿活动很频繁很密集。因此也有类似的景象：河流有着各种各样的色调，从橙色到赤褐色都有，还有强烈的金属毒性。那里没有冰川，纯粹是富含金属的岩矿的副产物，因采矿而恶化。这幅景象与夏拉普山谷非常相似，强化了冰川在某些方面充当天然采矿厂的概念。从整个地区来看，采矿或冰川一样都导致水变酸、有毒，人们四处寻找未受污染的水。随着冰川退缩，瓦拉斯的水源奎尔凯河已经枯竭。因此，现在这个地区首府的居民喝的是混合了一些别的未受污染的水源的水。[15]

如果布兰卡山区的水源继续变得有毒，这种情况就不太可能逆转。冰川退缩将继续，尽管这种退缩的程度显然取决于我们如何应对全球温室气体排放。与此同时，在地方一级，人们开始适应并想办法逆转这种局面，比如某些地方，人们开始使用一些印加人的古老办法，后者在水工程和建造引水渠方面可谓专家。沿夏拉普流域的社区最近建造了一条混凝土水渠，将河流中的水输送到山谷外20公里处，更靠近需要用水的定居点。为了解决水的酸度和毒性问题，水被引入位于山坡上的人工湿地。水先被引导通过一系列小瀑布，往里面通入空气刺激金属的氧化和沉淀。接下来，为了抵消酸度，再让它流过一层密集的石灰，在碱性更强的水中，金属物质会沉淀下来，从河水中析出。一旦完成这个过程，水再通过一个更宽的复杂网络，流过有重金属耐性的植物，可以过滤掉更多的金属毒素。由此产生的清洁水最终供应给村庄，保障了3000多人的用水。

布兰卡山区的盖丘亚人同水和冰川有着深厚的感情。他们通过居住在山区的神灵——*Apus*（山神）和 *Pacha Mama*（大地母亲）——保佑庄稼收成。村里人在种植庄稼之前祭祀神灵，用古柯叶和酒敬奉土地，祈求丰收。再往南，在靠近库斯科的高地，朝圣者长途跋涉，来参加雪星节（*Qoyllur Rit'i*）。这个节日源于基督教和安第斯山脉土著信仰的结合。山神和人民之间的信使，乌库库（*Ukukus*），会跋涉到冰川上，带着巨大的冰块回来。但现在冰川正在迅速消失，这个习俗已经不再延续。[16]

在高海拔的布兰卡山脉，我对生命和奇迹有了新的感受。我最近与死亡的亲密接触让我纠结于很多问题，最主要的是：我怎么还活着？过去，我曾遇到过北极熊、深深的冰裂隙、汹涌的河流……现在，我似乎终于在脑部手术后活了下来。我在生病后回到冰上的第一天，在探访帕斯托鲁里冰川时，感觉到我的思想发生了结构性的转变。当我走向冰川，躲开写着"游客勿入"的警示牌，人类的嘁嘁声消失了，俯视着我的是高耸的教堂般的白色悬崖上的冰柱，这时我听到的是融水顺着冰柱滴下的音乐。这块巨大的终冰碛，从它在冰原的出生地，缓慢地流动，迎接它的液态命运。当我走近时，泪水从我的脸上流下来——冰川是如此美丽，如此坚固，如此纯净，却又如此无情地融化了。我俯身，像拥抱老朋友一样，伸出双臂拥抱它。我把脸贴在它垂直的脸上，细小的锋利冰晶融化后，和我的眼泪在一起顺着我的脸颊流了下来。也许二十年后，它会在这里，也许不会。也许我会，也许我不会。

在旅行结束飞回布里斯托之前，我遇到了秘鲁女演员兼说书

聆听冰川：冒险、荒野和生命的故事

人艾丽卡·斯德哥尔摩（Erika Stockholm）。我们是通过海艺文字艺术节（Hay Festival）和英国自然环境研究委员会（Natural Environment Research Council of the UK）的联合项目介绍认识的。这个项目致力于介绍科学家与艺术家相识，以寻找新的方式来讲述我们的研究故事。在一个阴沉潮湿的日子里，我们挤在利马的一家咖啡馆里，讨论了居住在我们看似截然相反的世界中的意义。我们看上去差别很大——我穿着破旧的牛仔裤和邋遢的羊毛衫，徒步穿过城市，头发散乱，浑身是汗。而艾丽卡却完美无瑕——乌黑的头发时尚地掠过她那张醒目的棱角分明的脸庞，眉毛细心地画过，睫毛上涂着一层厚厚的睫毛膏。科学家遇见艺术家。然而，我们的谈话虽然开始跟两个陌生人没两样，磕磕巴巴地，但很快就变成了对想法和经验的热情分享——这种情况很罕见，你会产生一种奇怪的感觉，好像你们已经认识了一辈子了。

我们了解到，我们都是讲故事的人，但受制于不同传统和观念，就好像有人限制过我们应该如何讲述我们的故事。我挖掘数据和事实；她描述事件和感受。我们一边喝咖啡，一边开始创作一个关于夏拉普冰川和它的毒性的极具戏剧性的故事。接下来的几个月里，艾丽卡将我们初创的故事变成了现实。2019 年 11 月，我们将与我的朋友和合作者劳尔·洛艾萨－穆罗一起，在秘鲁第二大城市阿雷基帕举行的海艺文字艺术节上表演。我们三个人会在故事中扮演不同的角色。在布里斯托尔和利马之间通过 Skype 进行的许多对话过程中，我明确了一点，我希望以尽可能最私人的方式来讲述夏拉普冰川的故事。在一次谈话时，我不假思索地脱口而出，"我可以成为冰川！"于是，它就实现了。

打破一生的科学僵化，我把脸涂白，戴上艳丽的蓝色假发，然后当着 150 多人的面，哭、喊、跳、动，仿佛我真的是垂死的冰川。我是一位经验丰富的公众演说家，但在这次特别活动的准备阶段，我被吓得连看剧本都不敢看——每次在电脑上打开文件时，我都会感到一阵剧烈的恐慌，并迅速关上笔记本电脑。直到演出前两周，在巴塔哥尼亚时，我才意识到，如果我不克服恐惧，那将是一场彻底的灾难。我蜷缩在我的小帐篷里，被雨滴轻轻拍打在帆布上的声音包围着，我开始背诵我的台词，每一个字都在潮湿的空气中形成一道雾气。我记得艾丽卡告诉我，只要说出这些台词就行，一直说到我感觉到什么，就把感觉记录在手机上。令人惊讶的是，这奏效了——就好像发生在冰川上的一切也发生在我身上一样。我的情绪又一次涌了上来，眼泪随之而来。

在海艺文字艺术节的舞台上，当我变成冰川时，我的恐惧消失了。能够感觉长期压抑的情绪在表达时——摆脱科学惯例的束缚——有着令人难以置信的宣泄，后来，有观众走近我，告诉我在看到冰川生病，污染河流，最终死亡时，他们都哭了，我惊呆了。他们想知道，他们能做什么？

我学到的一件事是，作为人类，我们与冰川密不可分。未来几年，从秘鲁安第斯山脉的农业社区，到格陵兰岛西海岸的以大比目鱼为生的渔民，或太平洋低洼岛屿的居民，每个人都将在未来几年受到冰川退缩或流失的影响。地球经历了许多极端气候阶段，但我们现在所看到的，不仅仅是人类历史上前所未有的，在地球历史上也是前所未有的，而且主要发生在上个世纪。无论你如何看待化石燃料在维持经济繁荣中的作用，这场博弈中最大的输家将是人类。

不过，我内心是一个乐观主义者，我相信作为人类，我们有巨大的能力来改变我们的生活方式。以 2020 年为例，当时人们自愿进入封锁状态，以保护数百万处于新冠病毒威胁中的生命。冰川融化的风险无疑可以与新冠病毒相提并论——在 21 世纪，超过10 亿人可能会受到冰川融化的影响，包括海平面上升 [17] 和主要河流流域供水下降。[18] 如果我们选择以这个视角，那么也许我们在冰川上的情况与全球流行病没有什么不同。

后记

岔路口

在我研究冰川的 25 年里，我所写的每一条冰川都在缩小，具体程度取决于它们周围的空气和海洋变暖的程度，以及每个冰川的特征和环境。世界上绝大多数我没有机会走访的冰川也是如此。迄今为止，温带和热带地区的小型山地冰川可能情况最糟，因为它们的体积小，意味着对气候变化反应迅速。其中一些在我的一生中已经失去了三分之一的面积，到 21 世纪末将全部消失。它们的天命已至。

我们的冰盖最初对地球变暖的反应较慢；这是因为它们创造了自己的气候，并且它们表面的降雪和融化等任何变化都可能需要一些时间才能显现在它们锋面位置的变化上。然而，我们的冰盖伸入海洋，存在一些不稳定因素，这意味着一旦变暖开始，它就会像失控的火车一样——无论在格陵兰冰盖还是南极冰盖，漂浮的冰舌和周围的冰架加速崩塌证明了这一点。如果这种情况持续下去，并且我们不遏制温室气体的排放，那么到 2100 年，海平面上升 2 米的（远期）可能性就会抬头，到 2200 年，随着南极西部冰盖和东部周围的冰层变得不稳定，海平面上升将超过 7 米——这令人震惊。[1]这些变化将持续影响未来，坦率地说，变化的规模将取决于我们集体和个人是否准备好做出努力，在我们生活的方方面面做出巨大改变——从我们吃什么，如何为我们的家取暖，到做多少旅行和通过什么方式旅行，等等。从本质上讲，我们正站在决定冰川命运道路的一个岔路口。这真的将是它们的最后一个篇章吗？

2019 年 8 月，我在秘鲁时，冰岛为奥克库尔冰川（Okjökull）举行了"葬礼"。这是冰岛第一座因气候变化而消失的冰川，包括该国总理在内的 100 人参加了这场严肃的活动，将一块纪念牌匾固定在一块巨石上。这块巨石曾经埋在这座冰川肮脏的底层中。牌匾上的铭文简洁地描述了这一前所未有的危险时刻，当时，通过减少我们的碳排放来拯救一些冰川仍然是可行的：

给未来的一封信

OK 是第一条失去冰川地位的冰岛冰川。

在接下来的 200 年里，我们所有的冰川都将随它走上

相同的路。

这座纪念碑是为了承认我们知道

正在发生什么以及需要做什么。

只有你知道，我们是否做到了。

2019 年 8 月

大气中二氧化碳浓度 415ppm

术语表

人类世（Anthropocene） 科学家们提出的受人类活动影响的地球历史时期。关于它何时开始存在争议，从几千年前到19世纪末的工业革命，甚至到1950年第一次核弹试验，都有人认为是它的开始。它一直持续到今天。

刃嵴（Arête） 山脊两侧的冰川侵蚀形成刀刃状山脊，仅留下狭长的犹如鱼鳍一般的岩石。

自养生物（Autotroph, 又名光能营养生物或化能营养生物） 意思是"自己给予营养"。一种能够生产自己食物的生命形式。它可以使用太阳能或化学能来完成自给的功能。

细菌（Bacteria） 在地球上许多不同类型的环境中繁衍生息的极为微小的单细胞生物。

底部滑动（Basal sliding） 冰川流动的一种滑动机制，冰川的底部在其基岩上滑动，由水膜润滑。仅发生在温冰川或混合冰川中。

二氧化碳（Carbon dioxide） 一种包含一个碳原子和两个氧原子的分子，在室温和压力下以气体形式存在。它在地球大气中的浓度很低（但正在上升），是一种温室气体。

聆听冰川：冒险、荒野和生命的故事

新生代（Cenozoic） 跨越过去 6500 万年的地质时代。

管道排水系统（Channelized drainage system） 冰川床与底部之间相互连接的具有许多通道的排水系统网络，能将融水迅速输送到冰川鼻。

冰斗（Cirque） 位于高山上被冰川侵蚀出的凹陷内的小冰川。冰斗通常比山谷冰川更健康，因为它们从岩石凹陷的侧壁接收额外的积雪。

冷基冰川（Cold-based glacier） 通常又小又薄，被冻结在基底床上的冰川，通常发现于极地地区。

浓度（Concentration） 存在于已知量介质（例如水、空气）中物质（例如气体或化学品）的量。例如，一种气体在空气介质中的浓度，可以表示为特定气体的分子数占空气中气体分子总数的百分比（通常为"百万分之一"，即 ppm）。一种化学品可能具有溶解在一定体积水中的浓度，以"克/升"为单位表示。

管道（Conduit） 以冰为壁的通道，通常位于冰川内或冰川下方，可快速有效地输送融水。在盛夏占主导地位。

冰尘洞（Cryoconite hole） 以冰为壁的圆柱形的洞，底部有一层薄薄的深色沉积物（称为"冰尘"）。它的形成是因为冰中的深色沉积物比周围的冰能吸收更多的太阳辐射，由此升温，融化周围的冰，进而越来越往下，形成洞的结构。

表碛覆盖型冰川（Debris-covered glacier） 下部主干中不同程度地被岩屑覆盖的冰川。常见于安第斯山脉和亚洲高山。随着时间的推移，表碛覆盖型冰川可能会慢慢转变为"岩石冰川"，后者完全被岩石覆盖，但冰存在于岩石的空隙之间，冰川能够流动。

分布式系统（Distributed system） 流动缓慢、效率低下的水流通道系统，在冰川底部输送融水，通常存在于与管道/通道接壤的区域。在冬季/春季占主导地位。

埃姆间冰期（Eemian） 大约12万年前第四纪的最后一个间冰期（暖期）。比目前的间冰期（全新世）的二氧化碳浓度和气温更高，因此可以很好地模拟我们可能的未来。那时海平面比现在高出6米，这有点令人担忧。

电导率（Electrical conductivity） 是指材料传输电流的能力。对于水体而言，取决于有多少可以携带电荷的带电粒子（离子）在水里面。

冰内区（Englacial） 冰川和冰川床之间的区域，大部分是固体冰。

冰期（Glacial period） 第四纪中有大量冰川冰河的时期，当时气候寒冷，北欧、美洲、格陵兰和南极洲均有冰盖。

冰川底端（Glacier forefield） 冰川前部区域，通常没有植被，散布着大小不一的冰川输送下来的岩石物质，冰川河从中流过。又叫"冰川前场"或"冰外区"。

格罗夫（GLOF） 冰川湖溃决洪水的英文首字母缩写。当一个固定在冰川边缘或冰碛后的湖泊突然决堤并引发反常洪水时，就会造成这种情况。

异养生物（Heterotroph） 源自古希腊语，意为"由他人提供营养的"。是指不能自己生产食物而依赖于消耗其他生物生产的食物的生命形式。人是异养生物。

全新世（Holocene）　离我们最近的间冰期，开始于 1 万多年前。有人说我们还处在其中，有人说我们已经创造了我们自己的时代，称为人类世。

热水钻孔（Hot-water drilling）　一种清洁且流行的技术，使用高压热水和蒸汽在冰川表面和冰床之间钻孔。

水合物（Hydrate）　也称"笼形水合物"。是一种在寒冷、高压条件下形成的固体，冻结的水分子在"客体"气体分子周围形成笼状结构。一个很好的例子是甲烷水合物。你可以想象，当你加热水合物时，水分子会融化，甲烷（或其他气体）会从它的"笼子"里释放出来。

冰河时代（Ice age）　地球历史上冰川、冰盖扩张的较冷时期。在地球 45 亿年的历史中，一般认为有 5 个冰河时代，最近的一个大概从 200 万年前（第四纪）开始，至今仍未结束。

冰形变（Ice deformation）　所有冰川中都会发生的冰流动过程，由冰晶在压力下缓慢变形和错位引起。

冰缘（Ice margin）　用于描述冰川的边缘或前部的词。

冰盖（Ice sheet）　覆盖着山脉和山谷的巨大冰体（面积通常超过 5 万平方公里）。

冰瀑（Icefall）　冰川的高度裂缝区，冰在那里迅速流下非常陡峭的岩壁。有点像瀑布，但是这瀑布由冰形成而非水。

无机碳（Inorganic carbon）　不与生物结合，而是存在于岩石和矿物等物质中的碳。例如，二氧化碳中的碳是无机碳的一种形式，但当植物通过光合作用吸收二氧化碳将其变为植物细胞的一部分时，就成了有机碳。

间冰期（Interglacial period） 第四纪内，长度1万至3万年的暖期，穿插在冰期之间。

离子（Ion） 带有电荷的原子或分子，由不带电荷的原子或分子失去或得到称为电子的带负电粒子时形成。

同位素（Isotope） 具有不同原子质量的不同形式的单一元素（例如氧），因为它们具有不同数量的中子（在原子核中的不带电粒子）。例如，氧有三种同位素，其原子质量分别为16、17和18。它们仍然是都氧元素。

冰川风（Katabatic wind） 一种由于重力作用从山上往下流动的冷风。

湖泊终止冰川（Lake-terminating glacier） 冰舌终止于湖泊的冰川。

甲烷（Methane） 包含一个碳原子和四个氢原子的分子。它在室温和标准大气压下以气体形式存在，但在寒冷、高压条件下可以以固体形式（"水合物"）存在。它是一种温室气体，其导致变暖的能力强度大约是二氧化碳的20倍。

微生物（Microbe） 一种非常微小的生命形式，只能在显微镜下才能看到，而且通常不超过一个细胞，可能是地球上进化出的第一种生命形式。

分子（Molecule） 将两个或多个原子愉快地结合在一起。

冰碛（Moraine） 在冰川退缩时从冰川中释放出的冰川碎片

（沙子、石头、巨石）的堆积。它可以出现在内侧（冰川中间）、末端（冰川前部）或外侧（冰川两侧）。

冰臼（Moulin） 冰上的洞，形成一个垂直竖井（就像石灰岩 / 喀斯特地貌中的下沉洞），融水通过竖井流向冰川床。冰臼通常在融水从裂缝中流下时形成。

积冰（naled ice） 冰川底端中的大量冰体，由连续的融水在极地气候中继续流动时冻结而形成。

营养成分（Nutrient） 生命茁壮成长所必需的物质。

有机碳（Organic carbon） 与植物和动物等生物结合的碳。

有机物（Organic matter） 由腐烂和分解过程中的生物的有机残骸形成的碳基化合物。

永久冻土（Permafrost） 温度低于零摄氏度一年或更长时间的地面（通常地面也结冰）。

酸碱度（pH） 衡量水的酸性或碱性程度。pH 值范围从 0 到 14，其中 7 为中性，小于 7 为酸性，大于 7 为碱性。

浮游植物（Phytoplankton） 漂浮在咸水或淡水环境中的微小植物状生物，如海洋或湖泊，只能在显微镜下看到。它们利用太阳通过光合作用制造自己的营养物质。

冷温复合冰川（Polythermal glacier） 冰层温度各有不同的冰川。通常位于极地地区，表层和边缘低于冰点，核心区较为温暖，有点像果酱甜甜圈。

压力融化（Pressure melting） 冰由于施加压力而融化的过程，压力使冰的融点略低于零摄氏度。

冰外区（Proglacial zone） 位于冰川正前方的区域（也称为"冰川前场"）。

第四纪（Quaternary） 地质时间，大致涵盖过去200万年，其特点是有规律的冷暖循环期（冰期—间冰期循环）。

冰塔（Serac） 在冰快速流下坡时，因断裂形成许多相交的裂缝，进而在这些地方形成的锋利冰峰（例如在冰瀑中）。

冰川鼻（Snout） 冰川的最下坡端（即冰川的鼻子）。

冰下区（Subglacial zone） 冰川的冰底和它下面的岩石之间的冰川部分。

硫化矿（Sulphide minerals） 在由硫和金属（通常是铁）组成的岩石中发现的矿物质。黄铁矿（二硫化铁）是最常见的，通过冰川侵蚀从岩石中释放出来。

冰上区（Supraglacial zone） 覆盖整个冰川表面的冰川区域。

温冰川（Temperate glacier） 冰处于融点并能够在整个过程中产生液态水的冰川。在冬季可能会形成一个临时的低于冰点的冰表层。

入海冰川（Tidewater glacier）（或海洋终止冰川）冰舌终止于海洋的冰川。

冰舌（Tongue） 冰川的下部主干。

山谷冰川（Valley glacier） 通过明确的山谷向下坡流动的冰川。

风化作用（Weathering） 随着时间的推移导致岩石分解的一系列（物理和化学的）过程。

　　　　　　　聆听冰川：冒险、荒野和生命的故事

注 释

前言

1　IPCC (2018). *Global Warming of 1.5°C: An IPCC Special Report on the impacts of global warming of 1.5°C above pre-industrial levels and related global greenhouse gas emission pathways, in the context of strengthening the global response to the threat of climate change, sustainable development and efforts to eradicate poverty.*

2　UNEP (2019). *Emissions Gap Report* 2019. Nairobi, UNEP.

1. 窥见九泉

1　Carozzi, A.V. (1966). 'Agassiz's amazing geological speculation: the Ice-Age', *Studies in Romanticism* 5 (2): 57–83.

2　Imbrie, J. and K.P. Imbrie (1986). *Ice Ages: Solving the Mystery.* Cambridge, MA: Harvard University Press.

3　Hubbard, A., et al. (2000). 'Glacier mass-balance determination by remote sensing and high-resolution modelling', *Journal of Glaciology* 46 (154): 491–8.

4　Mair, D., et al. (2002). 'Influence of subglacial drainage system evolution on glacier surface motion: Haut Glacier d'Arolla, Switzerland', *Journal of Geophysical Research: Solid Earth* 107 (B8): Doi:10.1029/2001JB000514.

5　Campbell, R.B. (2007). *In Darkest Alaska: Travels and Empire along the Inside Passage.* Philadelphia, PA: University of Philadelphia Press.

6　Hubbard, B.P., et al. (1995). 'Borehole water-level variations and the structure of the subglacial hydrological system of Haut Glacier d'Arolla, Valais, Switzerland', *Journal of Glaciology* 41 (139): 572–583.

7   Nienow, P., et al. (1998). 'Seasonal changes in the morphology of the subglacial drainage system, Haut Glacier d'Arolla, Switzerland', *Earth Surface Processes and Landforms* 23 (9): 825–843.

8   Hubbard et al.: 8.

9   Iken, A., et al. (1983). 'The uplift of Unteraargletscher at the beginning of the melt season – a consequence of water storage at the bed?', *Journal of Glaciology* 29 (101): 28–47.

10   Von Hardenberg, A., et al. (2004). 'Horn growth but not asymmetry heralds the onset of senescence in male Alpine ibex (Capra ibex)', *Journal of Zoology* 263: 425–432.

11   http://oldeuropeanculture.blogspot.com/2016/12/goat.html.

12   Maixner, F., et al. (2018). 'The Iceman's last meal consisted of fat, wild meat, and cereals', *Current Biology* 28 (14): 2, 348–355.

13   Sharp, M., et al. (1999). 'Widespread bacterial populations at glacier beds and their relationship to rock weathering and carbon cycling', *Geology* 27 (2): 107–10.

14   Fischer, M., et al. (2015). 'Surface elevation and mass changes of all Swiss glaciers 1980–2010', *The Cryosphere* 9 (2): 525–540.

15   Berner, R. A. (2003). 'The long-term carbon cycle, fossil fuels and atmospheric composition', *Nature* (426): 323–326.

16   Zachos, J. C., et al. (2008). 'An early Cenozoic perspective on greenhouse warming and carbon-cycle dynamics', *Nature* 451 (7176): 279–283.

17   Guardian, T. (2012). 'Greenhouse gas levels pass symbolic 400ppm CO_2 milestone', https://www.esrl.noaa.gov/gmd/ccgg/trends/ weekly.html.

18   Raymo, M. E., et al. (1988). 'Influence of late Cenozoic mountain building on ocean geochemical cycles', *Geology* 16 (7): 649–653.

19   Pearson, P. N., et al. (2009). 'Atmospheric carbon dioxide through the Eocene-Oligocene climate transition', *Nature* 461 (7267): 1, 110–113.

20   Hays, J. D., et al. (1976). 'Variations in the Earth's orbit: Pace-maker of

the Ice Ages', *Science* 194 (4270): 1,121–132.

21　Maslin, M. A., et al. (1998). 'The contribution of orbital forcing to the progressive intensification of northern hemisphere glaciation', *Quaternary Science Reviews* 17 (4): 411–426.

22　Grove, J. (1988). *The Little Ice Age*. Ann Arbor, MI: University of Michigan/London: Methuen.

23　Members, E. C. (2004). 'Eight glacial cycles from an Antarctic ice core', *Nature* 429: 623–628.

24　Miller, K. G., et al. (2012). 'High tide of the warm Pliocene: implications of global sea level for Antarctic deglaciation', *Geology* 40 (5): 407–410.

25　Haywood, A. M., et al. (2013). 'Large-scale features of Pliocene climate: results from the Pliocene Model Intercomparison Project', *Climate of the Past* 9 (1): 191–209.

26　Foster, G. L., et al. (2017). 'Future climate forcing potentially without precedent in the last 420 million years', *Nature Communications* 8: Doi:10.1038/ncomms14845.

27　Radi , V., et al. (2014). 'Regional and global projections of twenty-first-century glacier mass changes in response to climate scenarios from global climate models', *Climate Dynamics* 42 (1): 37–58; Zekollari, H., et al. (2019). 'Modelling the future evolution of glaciers in the European Alps under the EURO-CORDEX RCM ensemble', *The Cryosphere* 13 (4): 1, 125–146.

2. 熊，比比皆熊

1　Derocher, A. (2012). *Polar Bears: A Complete Guide to Their Biology and Behaviour*. Baltimore, MD: Johns Hopkins University Press.

2　Meredith, M., et al. (2019). Chapter 3, 'Polar Regions', in *IPCC Special Report on the Ocean and Cryosphere in a Changing Climate*, ed. H. O. Pötner, D. C. Roberts, V. Masson-Delmotte et al. 118.

3　Liestø, O. (1993). 'Glaciers of Svalbard, Norway: Satellite Image Atlas of Glaciers of the World', in *Glaciers of Europe*, ed. R. S. J. F. Williams, J.G. 1386-E: 127–152.

4　Åerman, J. (1982). *Studies on Naledi (Icings) in West Spitsbergen.* Proceedings of the 4th Canadian Permafrost Conference, Ottawa, National Research Council of Canada: 189–202.

5　Liestø, O. (1969). 'Glacier surges in West Spitsbergen', *Canadian Journal of Earth Sciences 6* (4): 895–7; Baranowski, S. (1983). 'Naled ice in front of some Spitsbergen glaciers', *Journal of Glaciology* 28 (98): 211–214.

6　Sorensen, A. C., et al. (2018). 'Neandertal fire-making technology inferred from microwear analysis', *Scientific Reports* 8 (1): Doi:10.1038/s41598-41018-28342-41599.

7　Skidmore, M. and M. Sharp (1995). 'Drainage system behaviour of a High-Arctic polythermal glacier', *Annals of Glaciology* 28: 209–215.

8　Wadham, J. L., et al. (2001). 'Evidence for seasonal subglacial out-burst events at a polythermal glacier, Finsterwalderbreen, Svalbard', *Hydrological Processes* 15 (12): 2, 259–280.

9　Nuttall, A. M. and R. Hodgkins (2005). 'Temporal variations in flow velocity at Finsterwalderbreen, a Svalbard surge-type glacier', *Annals of Glaciology* 42: 71–76.

10　Prop, J., et al. (2015). 'Climate change and the increasing impact of polar bears on bird populations', *Frontiers in Ecology and Evolution* 25: Doi:10.3389/fevo.2015.00033.

11　Bottrell, S. H. and M. Tranter (2002). 'Sulphide oxidation under partially anoxic conditions at the bed of the Haut Glacier d'Arolla, Switzerland', *Hydrological Processes* 16 (12): 2, 363–368.

12　Wadham, J. L., et al. (2004). 'Stable isotope evidence for microbial sulphate reduction at the bed of a polythermal high Arctic glacier', *Earth and Planetary Science Letters* 219 (3–4): 341–355.

13　Meredith et al. (2019): 31.

14　Hanssen-Bauer, I., et al. (2018). 'Climate in Svalbard 2100–a know-ledge base for climate adaptation', Norwegian Environment Agency.

15　Haug, T., et al. (2017). 'Future harvest of living resources in the Arctic Ocean north of the Nordic and Barents Seas: A review of possibilities and constraints', *Fisheries Research* 188: 38–57.

16　Onarheim, I. H., et al. (2014). 'Loss of sea ice during winter north of Svalbard', *Tellus A: Dynamic Meteorology and Oceanography* 66 (1): Doi:10.3402/tellusa.v3466.23933.

17　Muckenhuber, S., et al. (2016). 'Sea ice cover in Isfjorden and Hornsund, Svalbard (2000–2014) from remote sensing data', *The Cryosphere* 10 (1): 149–158.

3. 深度循环

1　Nuttall, M. (2010). 'Anticipation, climate change, and movement in Greenland', *Étud/Inuit/Studies* 34 (1): 21–37.

2　Kane, N. (2019). *History of the Vikings and Norse Culture*. Spangen-helm Publishing.

3　Nedkvitne, A. (2019). *Norse Greenland: Viking peasants in the Arctic*. Oxford: Routledge.

4　Ibid.

5　Wells, N.C. (2016). 'The North Atlantic Ocean and climate change in the UK and northern Europe', *Weather* 71 (1): 3–6.

6　Rea, B.R., et al. (2018). 'Extensive marine-terminating ice sheets in Europe from 2.5 million years ago', *Science_Advances* 4 (6): Doi:10.1126/sciadv.aar8327.

7　Lambeck, K., et al. (2014). 'Sea level and global ice volumes from the Last Glacial Maximum to the Holocene', *Proceedings of the National Academy of Sciences* 111 (43): 15,296–303.

8　Oppenheimer, M., et al. (2019). Chapter 4, 'Sea level rise and implications for low-lying islands, coasts and communities', in *IPCC Special Report on the Ocean and Cryosphere in a Changing Climate*, ed H.-O. Pötner, D.C. Roberts, V.Masson-Delmotte et al.: 321–445.

9　Shennan, I., et al. (2006). 'Relative sea-level changes, glacial isostatic modelling and ice-sheet reconstructions from the British Isles since the Last Glacial Maximum', *Journal of Quaternary Science* 21 (6): 585–599.

10　Meredith et al. (2019).

11　Tedesco, M. and X. Fettweis (2020). 'Unprecedented atmospheric conditions (1948–2019) drive the 2019 exceptional melting season over the Greenland ice sheet', *The Cryosphere* 14 (4): 1, 209–223.

12　Rignot, E., et al. (2012). 'Spreading of warm ocean waters around Greenland as a possible cause for glacier acceleration', *Annals of Glaciology* 53 (60): 257–266.

13　Howat, I. M. and A.Eddy (2011). 'Multi-decadal retreat of Greenland's marine-terminating glaciers', *Journal of Glaciology* 57 (203): 389–396.

14　Ibid.

15　Openheimer et al. (2019): 54.

16　Ibid.

17　Duncombe, J. (2019). 'Greenland ice sheet beats all-time Ⅰ-day melt record', EOS, *Transactions of the American Geophysical Union* 100: Doi. org/10.1029/2019EO130349.

18　Meredith et al. (2019).

19　Stibal, M., et al. (2017). 'Algae drive enhanced darkening of bare ice on the Greenland Ice Sheet', *Geophysical Research Letters* 44 (22): 11, 463–471.

20　Williamson, C. J., et al. (2019). 'Glacier algae: a dark past and a darker future', *Frontiers in Microbiology* 10 (524): 10.3389/fmicb.2019.00524.

21　Chandler, D. et al. (2013). 'Evolution of the subglacial drainage system beneath the Greenland Ice Sheet revealed by tracers', *Nature Geoscience* 6 (3): 195–198.

22　Ibid.

23　Tedstone, A. J., et al. (2015). 'Decadal slowdown of a land-terminating sector of the Greenland Ice Sheet despite warming', *Nature* 526 (7575): 692–695.

24　Davison, B.J., et al. (2019). 'The influence of hydrology on the dynamics of land-terminating sectors of the Greenland Ice Sheet', *Frontiers in Earth Science* 7 (10): Doi:10.3389/feart.2019.00010.

25　Ibid.

26　Cowton, T., et al. (2012). 'Rapid erosion beneath the Greenland ice sheet', *Geology* 40 (4): 343–346.

27 Hudson, B., et al. (2014). 'MODIS observed increase in duration and spatial extent of sediment plumes in Greenland fjords', *The Cryosphere* 8 (4): 1, 161–176.

28 Meire, L., et al. (2017). 'Marine-terminating glaciers sustain high productivity in Greenland fjords', *Global Change Biology* 23: 5, 344–357; Middelbo, A. B., et al. (2018). 'Impact of glacial meltwater on spatiotemporal distribution of copepods and their grazing impact in Young Sound NE, Greenland', *Limnology and Oceanography* 63 (1): 322–336.

29 Cowton, T. R., et al. (2018). 'Linear response of east Greenland's tidewater glaciers to ocean/atmosphere warming', *Proceedings of the National Academy of Sciences* 115 (31): 7, 907–912.

30 Juul-Pedersen, T., et al. (2015). 'Seasonal and interannual phytoplankton production in a sub-Arctic tidewater outlet glacier fjord, SW Greenland', *Marine Ecology Progress Series* 524: 27–38.

31 Meire, L., et al. (2016). 'Spring bloom dynamics in a subarctic fjord influenced by tidewater outlet glaciers (Godthåsfjord, SW Greenland)', *Journal of Geophysical Research-Biogeosciences* 121: 1, 581–592.

32 Meire, L., et al. (2017); Juul-Pedersen et al. (2015).

33 ICES (2015). Report of the North-Western Working Group (*NWWG*), Copenhagen.

34 Meire et al. (2017).

35 Hendry, K. R., et al. (2019). 'The biogeochemical impact of glacial meltwater from Southwest Greenland', *Progress in Oceanography* 176: 102126.

36 Hawkings, J., et al. (2014). 'Ice sheets as a significant source of highly reactive nanoparticulate iron to the oceans', *Nature Communications* 5: Doi:10.1038/ncomms4929; Hawkings, J., et al. (2017). 'Ice sheets as a missing source of silica to the world's oceans', Ibid: 8: Doi:10.1038/ncomms14198: Hawkings, J., et al. (2016). 'The Greenland Ice Sheet as a hot spot of phosphorus weathering and export in the Arctic', *Global Biogeochemical Cycles* 30 (2): 191–210.

37   Duprat, L. P. A. M., et al. (2016). 'Enhanced Southern Ocean marine productivity due to fertilization by giant icebergs', *Nature Geosci* 9 (3): 219–221.

38   Howat and Eddy (2011).

39   Meredith et al. (2019).

40   Sonne, B. (2017). *Worldviews of the Greenlanders: An Inuit Arctic Perspective. Fairbanks,* AK: University of Alaska Press.

41   ACIA (2005). Arctic Climate Impact Assessment (ACIA). Cambridge: Cambridge University Press.

42   Nuttall, M. (2010).

43   Hastrup, K. (2018). 'A history of climate change: Inughuit responses to changing ice conditions in North-West Greenland', *Climatic Change* 151: 67–78.

44   Ross, J. (1819). *Voyage of Discovery, made under the orders of Admiralty, in his Majesty's ships Isabelle and Alexander, for the Purpose of Exploring Baffin's Bay, and inquiring into the probability of a North-West Passage.* London: C. U. Press.

45   Hastrup, K. (2018).

46   Meredith et al. (2019).

47   US Fish & Wildlife Service, 1995. Muskox: Ovibos Moschatus, Biologue Series, University of Minnesota.

48   Lasher, G. E. and Y. Axford (2019). 'Medieval warmth confirmed at the Norse Eastern Settlement in Greenland', *Geology* 47 (3): 267–270.

49   McGovern, T. H. (1991). 'Climate, correlation, and causation in Norse Greenland', *Arctic Anthropology* 28 (2): 77–100.

50   Star, B., et al. (2018). 'Ancient DNA reveals the chronology of walrus ivory trade from Norse Greenland', *Proceedings of the Royal Society B: Biological Sciences* 285 (1884): Doi:10.1098/rspb .2018.0978: Barrett, J. H., et al. (2020). 'Ecological globalisation, serial depletion and the medieval trade of walrus rostra', *Quaternary Science Reviews* 229: Doi.org/10.1016/j.quascirev.2019.106122.

51   Barrett et al. (2020); Star et al. (2018).

52   McGovern, T. H. (2018). 'Greenland's lost Norse: parables of adaptation from the North Atlantic', in *Polar Geopolitics: A Podcast on the Arctic and Antarctica.* E. Bagley. http://www. podbean. com/eu/pb-pixwv-a83cdb.

53 Gullø, H. C. (2008). 'The nature of contact between native Greenlanders and Norse', *Journal of the North Atlantic* 1: 16–24.

54 Barrett et al. (2020).

55 Kintisch, E. (2016). 'Why did Greenland's Vikings disappear?', *Science: Archaelogy and Human Evolution*, Doi:10.1126/science.aal0363.

56 Dugmore, A. J., et al. (2012). 'Cultural adaptation, compounding vulnerabilities and conjunctures in Norse Greenland', *Proceedings of the National Academy of Sciences* 109 (10): 3,658–663.

57 McGovern (2018).

4. 极地生命

1 Ainley, D. G. (2002). The *Adélie Penguin: Bellwether of Climate* Change, New York: Columbia University Press.

2 Ibid.

3 Fountain, A. G., et al. (2016). 'Glaciers in equilibrium, McMurdo Dry Valleys, Antarctica', *Journal of Glaciology* 62 (235): 976–989.

4 Ibid.

5 Koch, P. L., et al. (2019). 'Mummified and skeletal southern elephant seals (*Mirounga leonina*) from the Victoria Land Coast, Ross Sea, Antarctica', *Marine Mammal Science* 35 (3): 934–956.

6 Scott, R. F. (1905). *The Voyage of the Discovery VII.* London: Mac-millan ; Priscu, J. C. (1999). 'Life in the Valley of the 'Dead', *BioScience* 49 (12): 959.

7 Fountain, A. G., et al. (2004). 'Evolution of cryoconite holes and their contribution to meltwater runoff from glaciers in the McMurdo Dry Valleys, Antarctica', *Journal of Glaciology* 50 (168): 35–45.

8 Tranter, M., et al. (2010). 'The biogeochemistry and hydrology of McMurdo Dry valley glaciers: is there life on Martian ice now?': 195–220, in *Life in Antarctic Deserts and Other Cold Dry Environments: Astrobiological Analogues* by P. T. Doran, W. B. Lyons and D. M. McKnight. Cambridge: Cambridge University Press.

9 Ibid: 109; Priscu (1999).

10 Bagshaw, E. A., et al. (2016). 'Response of Antarctic cryoconite

microbial communities to light', *FEMS Microbiol Ecology* 92 (6): Doi. org/10.1093/femsec/fiw076.

11 Ibid.

12 Dubnick, A., et al. (2017). 'Trickle or treat: the dynamics of nutrient export from polar glaciers', *Hydrological Processes* 31 (9): 1, 776–789.

13 Gooseff, M. N., et al. (2017). 'Decadal ecosystem response to an anomalous melt season in a polar desert in Antarctica', *Nature Ecology & Evolution* I (9): 1, 334–338.

14 Dubnick et al. (2017): Bagshaw, E. A., et al. (2013). 'Do cryoconite holes have the potential to be significant sources of C, N, and P to downstream depauperate ecosystems of Taylor Valley, Antarctica?', *Arctic, Antarctic, and Alpine Research* 45 (4): 440–454.

15 Fritsen, C. H. and J. C. Priscu (1999). 'Seasonal change in the optical properties of the permanent ice cover on Lake Bonney, Antarctica: consequences for lake productivity and phytoplankton dynamics', *Limnol Oceanogr* 44: 447–454.

16 Mikucki, J. A., et al. (2009). 'A contemporary microbially maintained subglacial ferrous "ocean"', *Science* 324 (5925): 397–400.

17 Naylor, S., et al. (2008). 'The IGY and the ice sheet: surveying Antarctica', *Journal of Historical Geography* 34 (4): 574–595.

18 Siegert, M. J. (2018). 'A 60-year international history of Antarctic subglacial lake exploration', *Geological Society, London, Special Publications* 461 (1): 7–21.

19 Pattyn, F. (2010). 'Antarctic subglacial conditions inferred from a hybrid ice sheet/ice stream model', *Earth and Planetary Science Letters* 295 (3–4): 451–461.

20 Priscu, J., et al. (2008). 'Antarctic subglacial water: origin, evolution and ecology', in *Polar Lakes and River*, ed. W. F. Vincent and J.Laybourne-Parry, New York: Oxford University Press: 119–136; Siegert, M. J., et al. (2016). 'Recent advances in understanding Antarctic subglacial lakes and hydrology', *Philosophical Transactions of the Royal Society A* 374 (2059): Doi:10.1098/

rsta.2014.0306.

21　Escutia, C., et al. (2019). 'Keeping an eye on Antarctic Ice Sheet stability', *Oceanography* 31 (1): 32–46.

22　Krasnopolsky, V. A., et al. (2004). 'Detection of methane in the martian atmosphere: evidence for life?', *Icarus* 172 (2): 537–547.

23　Stibal, M., et al. (2012). 'Methanogenic potential of Arctic and Antarctic subglacial environments with contrasting organic carbon sources', *Global Change Biology* 18 (11): 3, 332–345.

24　Wadham, J. L., et al. (2012). 'Potential methane reservoirs beneath Antarctica', *Nature* 488 (7413): 633–637.

25　Michaud, A. B., et al. (2017). 'Microbial oxidation as a methane sink beneath the West Antarctic Ice Sheet', Nature *Geoscience* 10 (8): 582–586.

26　Wadham, J. L., et al. (2013). 'The potential role of the Antarctic Ice Sheet in global biogeochemical cycles', *Earth and Environmental Science Transactions of the Royal Society of Edinburgh* 104 (1): 55–67.

27　Maule, C. F., et al. (2005). 'Heat flux anomalies in Antarctica revealed by satellite magnetic data', *Science* 309 (5733): 464–467.

28　van Wyk de Vries, M., et al. (2018). 'A new volcanic province: an inventory of subglacial volcanoes in West Antarctica', *Geological Society, London, Special Publications* 461 (1): 231.

29　Wadham et al. (2012).

30　Pritchard, H. D., et al. (2012). 'Antarctic ice-sheet loss driven by basal melting of ice shelves', *Nature* 484 (7395): 502–505.

31　Schmidtko, S., et al. (2014). 'Multidecadal warming of Antarctic waters', *Science* 346 (6214): 1, 227–231.

32　Thompson, D. W. J. and S. Solomon (2002). 'Interpretation of recent southern hemisphere climate change', *Science* 296 (5569): 895–899.

33　Lee, S. and S. B. Feldstein (2013). 'Detecting ozone- and green-house gas-driven wind trends with observational data', *Science* 339 (6119): Doi:10.1126/science.1225154.

34　Ibid: 31, Meredith et al. (2019).

35 Holland, P. R., et al. (2019). 'West Antarctic ice loss influenced by internal climate variability and anthropogenic forcing', *Nature Geoscience* 12 (9): 718–724.

36 Meredith et al. (2019).

37 Wingham, D. J., Wallis, D. W., and Shepherd, A. (2009). 'Spatial and temporal evolution of Pine Island Glacier thinning, 1995– 2006',*Geophysical Research Letters* 36 (17): Doi:10.1029/2009GL039126.

38 Rignot, E., et al. (2019). 'Four decades of Antarctic Ice Sheet mass balance from 1979–2017', *Proceedings of the_National Academy of Sciences* 116 (4):1,095–103.

39 DeConto, R. M. and D. Pollard (2016). 'Contribution of Antarctica to past and future sea-level rise', *Nature* 531 (7596): 591–597; Turney, C. S. M., et al. (2020). 'Early last interglacial ocean warming drove substantial ice mass loss from Antarctica', *Proceedings of the National Academy of Sciences* 117 (8): 3, 996.

40 Oppenheimer et al. (2019).

41 Andreassen, K., et al. (2017). 'Massive blow-out craters formed by hydrate-controlled methane expulsion from the Arctic seafloor', *Science* 356 (6341): 948–53.

42 'Paris Agreement', United Nations Treaty Collection,8 July 2016.

43 Portnov, A., et al. (2016). 'Ice-sheet-driven methane storage and release in the Arctic', *Nature Communications* 7: Doi:10.1038/ ncomms10314.

44 Michaud et al. (2017).

45 Lamarche-Gagnon, G., et al. (2019). 'Greenland melt drives continuous export of methane from the ice-sheet bed', *Nature* 565 (7737): 73–77.

46 Thurber, A. R., et al. (2020). 'Riddles in the cold: Antarctic endemism and microbial succession impact methane cycling in the Southern Ocean', *Proceedings of the Royal Society B: Biological Sciences* 287 (1931): Doi.org/10.1098/ rspb.2020.1134.

5. 小心格罗夫！

1 Millan, R., et al. (2019). 'Ice thickness and bed elevation of the northern and southern Patagonian icefields', *Geophysical Research Letters* 46 (12): 6, 626–635.

2   Garreaud, R., et al. (2013). 'Large-scale control on the Patagonian climate', *Journal of Climate* 26 (1): 215–230.

3   Bendle, J. M., et al. (2019). 'Phased Patagonian ice sheet response to southern hemisphere atmospheric and oceanic warming between 18 and 17 ka', *Scientific Reports* 9 (1): Doi:10.1038/s41598-1019-39750-w.

4   Lenaerts, J. T. M., et al. (2014). 'Extreme precipitation and climate gradients in Patagonia revealed by high-resolution regional atmospheric climate modeling', *Journal of Climate* 27 (12): 4,607–621.

5   Mouginot, J. and E. Rignot (2015). 'Ice motion of the Patagonian icefields of South America: 1984–2014', *Geophysical Research Letters* 42 (5): 1, 441–449.

6   Zemp, M., et al. (2019). 'Global glacier mass changes and their contributions to sea-level rise from 1961 to 2016', *Nature* 568 (7752): 382–386.

7   Rivera, A., et al. (2012). 'Little Ice Age advance and retreat of Glaciar Jorge Montt, Chilean Patagonia', *Climate of the Past* 8 (2): 403–414.

8   Wilson, R., et al. (2018). 'Glacial lakes of the Central and Patagonian Andes', *Global and Planetary Change* 162: 275–291.

9   Carrivick, J. L. and D. J. Quincey (2014). 'Progressive increase in number and volume of ice-marginal lakes on the western margin of the Greenland Ice Sheet', *Global and Planetary Change* 116: 156–163.

10   Maharjan, S. B., et al. (2018). *The Status of Glacial Lakes in the Hindu Kush Himalaya*. Kathmandu: ICIMOD.

11   Moss, C. (2016). *Patagonia: A Cultural History* (Landscapes of the Imagination), London: Andrews.

12   Neruda, P. (2000). *Canto General, 50th Anniversary Edition, trans.* Jack Schmitt. Berkeley, CA: University of California Press, P.227.

13   Palmer, J. (2019). 'The dangers of glacial lake floods: pioneering and capitulation', EOS, *Transactions of the American Geophysical Union* 100: Doi:org/10.1029/2019EO116807.

14   Harrison, S., et al. (2018). 'Climate change and the global pattern of moraine-dammed glacial lake outburst floods', *The Cryosphere* 12 (4): 1,195–209.

15   Davies, B. J. and N. F. Glasser (2012). 'Accelerating shrinkage of

Patagonian glaciers from the Little Ice Age (~AD 1870) to 2011', *Journal of Glaciology* 58 (212): 1, 63–84.

16 Pryer, H., et al. (in press). 'Impact of glacial cover on riverine silicon and iron export to downstream ecosystems', *Global Biogeochemical Cycles.*

17 Piret, L., et al. 'High-resolution fjord sediment record of a retreating glacier with growing intermediate proglacial lake (Steffen Fjord, Chile)', *Earth Surface Processes and Landforms*: Doi.org/10.1002/ esp.5015.

18 Iriarte, J. L., et al. (2018). 'Low spring primary production and microplankton carbon biomass in Sub-Antarctic Patagonian channels and fjords (50–53° S)', *Arctic, Antarctic, and Alpine Research* 50 (1): Doi:10.1080/15230 430.15232018.11525186.

19 Cuevas, L. A., et al. (2019). 'Interplay between freshwater discharge and oceanic waters modulates phytoplankton size-structure in fjords and channel systems of the Chilean Patagonia', *Progress in Oceanography* 173: 103–13; González, H. E., et al. (2013). 'Land-ocean gradient in haline stratification and its effects on plankton dynamics and trophic carbon fluxes in Chilean Patagonian fjords (47–50° S)', *Progress in Oceanography* 119 (0): 32–47.

20 Pryer et al. (in press).

21 Dussaillant J. A., et al. (2012). 'Hydrological regime of remote catchments with extreme gradients under accelerated change: the Baker basin in Patagonia', *Hydrological Sciences Journal* 57 (8): 1, 530–542.

22 Gillett, N. P. and D. W. J. Thompson (2003). 'Simulation of recent southern hemisphere climate change', *Science* 302 (5643): 273-5 Lee, S. and S. B. Feldstein (2013). 'Detecting ozoneand greenhouse gas-driven wind trends with observational data', *Science* 339 (6119):573-7.

23 Lara, A., et al. (2015). 'Reconstructing streamflow variation of the Baker River from tree-rings in Northern Patagonia since 1765', *Journal of Hydrology* 529: 511–523.

6. 白色冰河正在枯竭

1 Wester, P., et al. (2019). *The Hindu Kush Himalaya Assessment–Mountains,*

Climate Change, Sustainability and People, New York: Springer International Publishing.

2 Andermann, C., et al. (2012). 'Impact of transient groundwater storage on the discharge of Himalayan rivers', *Nature Geoscience* 5 (2): 127–132.

3 Biemans, H., et al. (2019). 'Importance of snow and glacier melt-water for agriculture on the Indo-Gangetic Plain', *Nature Sustainability* 2 (7): 594–601.

4 Wester et al. (2019).

5 Richey, A. S., et al. (2015). 'Quantifying renewable groundwater stress with GRACE', *Water Resources Research* 51 (7): 5,217–238.

6 Worldbank (1960). *The Indus Waters Treaty.*

7 Haines, D. (2017). *Rivers Divided: Indus Basin Waters in the Making of India and Pakistan and Building the Empire, Building the Nation: Development, legitimacy, and Hydro-politics in Sind*, 1919–1969. London: C. Hurst & Co Ltd.

8 Lutz, A. F., et al. (2014). 'Consistent increase in High Asia's runoff due to increasing glacier melt and precipitation', *Nature Climate Change* 4 (7): 587–592; Biemans et al. (2019).

9 Lutz et al. (2014).

10 Azam, M. F., et al. (2014). 'Processes governing the mass balance of Chhota Shigri Glacier (western Himalaya, India) assessed by point-scale surface energy balance measurements', *The Cryosphere* 8 (6): 2,195–217.

11 Wester et al. (2019).

12 IPCC (2013). *Climate Change 2013 – The Physical Science Basis.* Cambridge: Cambridge University Press.

13 Wester et al. (2019).

14 Fujita, K. (2008). 'Effect of precipitation seasonality on climatic sensitivity of glacier mass balance', *Earth and Planetary Science Letters* 276 (1): 14–19: Azam et al (2014).

15 Maurer, J. M., et al. (2019). 'Acceleration of ice loss across the Himalayas over the past 40 years', *Science Advances* 5 (6); King, O., et al. (2019). 'Glacial lakes exacerbate Himalayan glacier mass loss', *Scientific Reports* 9 (1): Doi:10.1038/s41598-41019-53733-x.

16   Bolch, T., et al. (2012). 'The state and fate of Himalayan glaciers', *Science* 336 (6079): Doi:10.1126/sciadv.aav7266.

17   Farinotti, D., et al. (2020). 'Manifestations and mechanisms of the Karakoram glacier Anomaly', *Nature Geoscience* 13 (1): 8–16.

18   Wester et al. (2019).

19   Ibid.

20   Ibid.

21   Mallet, V. (2017). *River of Life, River of Death: The Ganges and India's Future*. Oxford: Oxford University Press.

22   Tveiten, I. N. (2007). 'Glacier growing: A local response to water scarcity in Baltistan and Gilgit, Pakistan', unpublished master's thesis, Norwegian University of Life Science.

23   Clouse, C. (2017). 'The Himalayan Ice Stupa: Ladakh's Climate-adaptive Water Cache', *Journal of Architectural_Education* 71 (2): 247–251.

24   Bradley, J. A., et al. (2014). 'Microbial community dynamics in the forefield of glaciers', *Proceedings of the Royal_Society B: Biological Sciences* 281: Doi.org/10.1098/rspb.2014.0882.

25   Anderson, K., et al. (2020). 'Vegetation expansion in the subnival Hindu Kush Himalaya', *Global Change Biology* 26 (3): 1,608–625.

26   Wester et al. (2019).

27   Higgins, S. A., et al. (2018). 'River linking in India: Downstream impacts on water discharge and suspended sediment transport to deltas', *Elementa* 6 (1): Doi.org/10.1525/elementa.1269.

28   Macklin, M. G. and J. Lewin (2015). 'The rivers of civilization', *Quaternary Science Reviews* 114: 228–244.

29   Higgins et al. (2018).

7. 最后一块冰

1   Schauwecker, S., et al. (2017). 'The freezing level in the tropical Andes, Peru: an indicator for present and future glacier extents', *Journal of Geophysical Research: Atmospheres* 122 (10): 5,172–189.

2   Schauwecker, S., et al. (2014). 'Climate trends and glacier retreat in the Cordillera Blanca, Peru, revisited', *Global_and Planetary Change* 119: 85–97.

3   Seehaus, T., et al. (2019). 'Changes of the tropical glaciers throughout Peru between 2000 and 2016 – mass balance and area fluctuations', *The Cryosphere* 13 (10): 2,537–556.

4   Schauwecker et al. (2017).

5   Kaser, G., et al. (2003). 'The impact of glaciers on the runoff and the reconstruction of mass balance history from hydrological data in the tropical Cordillera Blanca, Perú', *Journal of Hydrology* 282: 130–144.

6   Milner, A. M., et al. (2017). 'Glacier shrinkage driving global changes in downstream systems', *Proceedings of the_National Academy of Sciences* 114 (37): 9,770–778.

7   Margirier, A., et al. (2018). 'Role of erosion and isostasy in the Cordillera Blanca uplift: insights from landscape evolution modeling (northern Peru, Andes)', *Tectonophysics* 728–9: 119–129.

8   Gurgiser, W., et al. (2013). 'Modeling energy and mass balance of Shallap Glacier, Peru', *The Cryosphere* 7 (6): 1,787–802.

9   Petford, N. and M. P. Atherton (1992). 'Granitoid emplacement and deformation along a major crustal lineament: The Cordillera Blanca, Peru', *Tectonophysics* 205 (1): 171–185.

10   Bebbington, A. J. and J. T. Bury (2009). 'Institutional challenges for mining and sustainability in Perú', *Proceedings of the National Academy of Sciences* 106 (41): 17,296–301.

11   Durán-Alarcón, C., et al. (2015). 'Recent trends on glacier area retreat over the group of Nevados Caullaraju-Pastoruri (Cordillera Blanca, Peru) using Landsat imagery', *Journal of South American Earth Sciences* 59: 19–26.

12   Loayza-Muro Raúl, A., et al. (2013). 'Metal leaching, acidity, and altitude confine benthic macroinvertebrate community composition in Andean streams', *Environmental Toxicology and Chemistry* 33 (2): 404–411.

13   Santofimia, E., et al. (2017). 'Acid rock drainage in Nevado Pastoruri glacier area (Huascarán National Park, Perú): hydrochemical and mineralogical

characterization and associated environmental implications', *Environmental Science and Pollution Research* 24 (32): 25, 243–259.

14　Gurgiser et al. (2013).

15　Mark, B. G., et al. (2017). 'Glacier loss and hydro-social risks in the Peruvian Andes', *Global and Planetary Change* 159: 61–76.

16　Fraser, B. (2009). 'Climate change equals culture change in the Andes', *Scientific American*, 5 October.

17　Kulp, S. A. and B. H. Strauss (2019). 'New elevation data triple estimates of global vulnerability to sea-level rise and coastal flooding', *Nature Communications* 10 (1):Doi.org/10.1038/s41467-019-12808-z.

18　IPCC Special Report 1.5.

后记

1　Bamber, J. L., et al. (2019). 'Ice sheet contributions to future sea-level rise from structured expert judgment', *Proceedings of the National Academy of Sciences* 116 (23): 11,195–200.

致谢

我要感谢许多同事、学生和冰川，与我一起度过了无数的时间，组织复杂的物流、运输装备、在帐篷里瑟瑟发抖、抵御饥饿的北极熊和在冰冷的河流中取样，他们与我分享了快乐和沮丧的时刻。《聆听冰川》中的故事，既是我的，也是你们的。

我要感谢卢·巴沙尔医生（我的朋友和脊椎按摩师）、达伦·斯迈克医生和许多在 2018 年参与拯救我大脑的医疗人员，以及我的兄弟杰克，感谢他对这个项目的鼓励、他充满魔力的语言和拉布拉多犬波比。彼得·尼诺、安妮·玛丽·布雷姆纳、提尔·布鲁克纳、帕特里克·麦吉尼斯、彼得·施特劳斯和企鹅出版社的理查德·阿特金森、阿尼亚·戈登、科里纳·容蒙提等各位。（我希望）我们的作品配得上舒适的椅子、噼啪作响的火炉和一小杯温暖可口的东西。

全球森林——树能拯救我们的 40 种方式
戴安娜·贝雷斯福德－克勒格尔 著　李盎然 译　周玮 校

地球上的性——动物繁殖那些事
朱尔斯·霍华德 著　韩宁　金箍儿 译

彩虹尘埃——与那些蝴蝶相遇
彼得·马伦 著　罗心宇 译

千里走海湾
约翰·缪尔 著　侯文蕙 译

了不起的动物乐团
伯尼·克劳斯 著　卢超 译

餐桌植物简史——蔬果、谷物和香料的栽培与演变
约翰·沃伦 著　陈莹婷 译

树木之歌
戴维·乔治·哈斯凯尔 著　朱诗逸 译　林强　孙才真 审校

刺猬、狐狸与博士的印痕——弥合科学与人文学科间的裂隙
斯蒂芬·杰·古尔德 著　杨莎 译

剥开鸟蛋的秘密
蒂姆·伯克黑德 著　朱磊　胡运彪 译

绝境——滨鹬与鲨的史诗旅程
黛博拉·克莱默 著　施雨洁 译　杨子悠 校

神奇的花园——探寻植物的食色及其他
露丝·卡辛格 著　陈阳　侯畅 译

种子的自我修养
尼古拉斯·哈伯德 著　阿黛 译

流浪猫战争——萌宠杀手的生态影响
彼得·P.马拉　克里斯·桑泰拉 著　周玮 译

死亡区域——野生动物出没的地方
菲利普·林伯里 著　陈宇飞　吴倩 译

图书在版编目（CIP）数据

聆听冰川：冒险、荒野和生命的故事 /（英）杰玛·沃
德姆著；姚雪霏等译 . —北京：商务印书馆，2024
（自然文库）
ISBN 978-7-100-23311-8

Ⅰ.①聆…　Ⅱ.①杰…②姚…　Ⅲ.①冰川—普及读物
Ⅳ.① P343.6-49

中国国家版本馆 CIP 数据核字（2024）第 006611 号

自然文库
聆听冰川
冒险、荒野和生命的故事
〔英〕杰玛·沃德姆（Jemma Wadham）　著
姚雪霏等　译

商 务 印 书 馆 出 版
（北京王府井大街 36 号　邮政编码 100710）
商 务 印 书 馆 发 行
北京新华印刷有限公司印刷
ISBN 978 - 7 - 100 - 23311 - 8

2024 年 5 月第 1 版　　　　　开本 880×1230 1/32
2024 年 5 月北京第 1 次印刷　印张 7¼
定价：48.00 元